现 场 照 片

答 辩 照 片

颁 奖 照 片

部分院校巡讲照片

华南理工大学广州学院　　　　　　　　　　　兰州交通大学

天津大学

广西经贸职业技术学院

兰州交通大学

陕西工业职业技术学院

南宁学院

兰州工业学院

广西工业职业技术学院　　　　　　　　　　　　　　　广西大学

组委会合照

益埃毕杯2016年全国大学生Revit作品大赛全体工作人员合影

院 校 报 道

热烈祝贺我院学子获得益埃毕杯2016年全国大学生Revit作品大赛一等奖

发布者：admin 发布时间：2017-03-17 浏览次数：4

　　2017年3月，益埃毕杯 2016 年全国大学生Revit作品大赛圆满落幕！来自全国各大院校的参赛作品经过层层筛选，90个作品入围决赛并现场答辩，最终浙江大学建筑工程学院代表队荣获本次大赛建筑组一等奖。

（左起：乔安 黄瀚仪 钟佳滨 林俊挺 赵赛佳）

　　大学生承载着中国BIM的发展与未来，面向高校的全国大学生Revit大赛已经举办多届。大赛旨在推进BIM技术在全国高校课程设计中的使用，强化实践教学环节，推进教学管理改革，力国家培养满足市场需求的BIM人才后备军，赛后组委会将举办获奖作品的全国巡展活动。

　　为了加快推进一流学科建设进程，在建筑工程学院领导 建筑规划学科联盟领导坚强领导下，建筑数字技术教学改革，学生素质培养措施不断强化，面向BIM的教学课程也相继开设。本次大赛浙大同学取得的优秀成绩，即展示了我院学生的综合素质和高技能力，也反映了数字技术教学改革的初步成效。

　　感谢所有支持本次参赛的领导老师们！

西安欧亚学院近期在建筑工程等领域获佳绩

日期：2017-03-17 15:53:22　本站原创　来源：西安欧亚学院　人气：163　　　🔍 🔍

近期，西安欧亚学院在多个领域获佳绩，进一步提升了学校的知名度与社会影响力。

西安欧亚学院学生在益埃毕杯全国大学生Revit作品大赛中获奖

——该院人居环境学院学生获益埃毕杯全国大学生Revit作品大赛全国一等奖。2017年3月4日，益埃毕杯全国大学生Revit（Revit是Autodesk欧特克公司一套系列软件的名称）作品大赛在上海浦东新区进行现场答辩。该院人居环境学院BIM中心四名学生刘洋、郝懿、臧赛、潘星星在教师麻文娜、王彩雪的指导下组队参赛，一举获得景园组全国一等奖、建筑组全国优秀奖、结构组全国优秀奖三个奖项，参赛院校包括浙江大学、重庆大学、沈阳大学等80所。最终，四名学生均获Autodesk Revit全球认证工程师证书。

益埃毕杯全国大学生Revit作品大赛旨在更快推进主流BIM软件Revit在院校课程设计中的使用，强化实践教学环节、推进教学管理改革，培养满足市场需求的BIM人才后备军。大赛由Autodesk中国教育管理中心主办，益埃毕集团承办。

益埃毕杯全国大学生 Revit 建模应用大赛获奖作品精选集

上海益埃毕教育　组编

杨新新　王金城　侯佳伟　傅玉瑞　余梦丹

张雪梅　张妍妍　谷涛涛　喻志刚　　　编

机　械　工　业　出　版　社

益埃毕杯2016年全国大学生Revit作品大赛是益埃毕集团举办的首届Revit建模应用大赛，旨在帮助大学生了解BIM、学习BIM。

本次大赛面向全国所有院校学生，自2016年8月启动以来，截至2016年12月报名结束，共有来自全国各地的90多所院校参赛，其中包括沈阳大学、重庆大学、浙江大学、兰州交通大学、北京工业大学、华南理工大学、四川建筑职业技术学院、武汉工程大学等，参赛作品共计253个，涵盖建筑、结构、机电、内装、幕墙、景观园林等专业领域。

本书从90个入围作品中精选出30个作品进行汇编，每个作品通过工程概况、BIM技术应用、BIM技术应用创新项目总结等方面对项目进行全方位分析，方便工程技术人员对各种建筑信息做出正确理解，为设计团队以及包括建筑运营单位在内的各方建设主体提供协同工作的基础，希望在提高生产效率、节约成本和缩短工期方面发挥重要作用。

本书可作为普通高等院校、职业院校学生学习BIM的入门资料和参加BIM比赛的参考资料，也可作为教学参考用书。

图书在版编目（CIP）数据

益埃毕杯全国大学生Revit建模应用大赛获奖作品精选集/上海益埃毕教育组编. —北京：机械工业出版社，2018.3

ISBN 978-7-111-59560-1

Ⅰ. ①益… Ⅱ. ①上… Ⅲ. ①建筑设计-计算机辅助设计-作品集-中国-现代 Ⅳ. ①TU201.4

中国版本图书馆CIP数据核字（2018）第063302号

机械工业出版社（北京市百万庄大街22号　邮政编码100037）
策划编辑：刘思海　责任编辑：刘思海　责任校对：刘秀芝
封面设计：鞠　杨　责任印制：孙　炜
廊坊一二〇六印刷厂印刷
2018年6月第1版第1次印刷
184mm×260mm·11.75印张·4插页·288千字
0001—2000册
标准书号：ISBN 978-7-111-59560-1
定价：49.80元

凡购本书，如有缺页、倒页、脱页，由本社发行部调换
电话服务　　　　　　　　　　网络服务
服务咨询热线：010-88361066　机工官网：www.cmpbook.com
读者购书热线：010-68326294　机工官博：weibo.com/cmp1952
　　　　　　　010-88379203　金书网：www.golden-book.com
封面无防伪标均为盗版　　教育服务网：www.cmpedu.com

序

　　大学不是"详训诂，明句读"的小学，而是治国安邦的大学。大学生应学习"大学"之道，努力把自己塑造成具备一定"治国安邦"才能的人。

　　随着大学生的就业形势日趋紧张，大学生已不再是天之骄子，在这样社会背景下，大学生要不断地学习新理论、新技术，并将其付诸实践，才不至于毕业以后因为缺少社会经验而被淘汰。

　　对于缺少社会经验的大学生来说，实践的机会并非唾手可得，往往是空有一身功夫却没有施展的舞台。上海益埃毕集团考虑到这种情况，举办了益埃毕杯全国大学生 Revit 作品大赛，为大学生提供了一个将所学知识付诸实践的机会，将学到的新理论、新技术真正用起来，落到实处。

　　相信很多参赛的大学生在准备作品的同时，不仅提高了自己运用 BIM 技术的能力，同时也收获了友情、师生情，这将是未来生活中美好的大学回忆。步入社会后，这也将是简历上精彩的一笔。

　　优秀的作品不能被雪藏，应该拿出来与众人分享。上海益埃毕集团的 BIM 教育团队将优秀的参赛作品筛选出来并编制成册，为优秀的大学生记录下大学生活中这值得纪念的时刻。

　　最后，希望参加比赛的优秀大学生团队都能有辉煌的未来。

上海益埃毕集团总裁　杨新新

前　言

随着经济全球化和建设行业技术需求的迅速发展，人们对居住环境有了更高的要求，不仅要求建筑外表具备形式美，而且要求建筑能提供一个安全、舒适、便捷的生活环境。绿色、低碳和智能化成为未来建筑的发展趋势，由此，BIM 技术开始席卷全球。

BIM 技术的发展和应用引起了工程建设行业的广泛关注，BIM 将引领建筑信息化未来的发展方向，引起整个建设行业及相关行业革命性的变化。目前，国内 BIM 技术已从单纯的理论研究、BIM 建模和管线综合等初级应用，上升为规划、设计、建造和运维等各个阶段的深入应用。

随着 BIM 技术的进一步发展，越来越多的传统观念受到前所未有的挑战，建设行业也面临着一次大洗牌。只有紧跟时代的步伐，感受 BIM 技术带给建筑行业的根本性变化，并将 BIM 技术付诸实践，才能从根本上改变建设行业僵化的模式，从而实现弯道超车。

为贯彻落实《住房和城乡建设部关于推进建筑信息模型应用的指导意见》（建质函【2015】159 号）的指示精神，顺应国内 BIM 技术的发展趋势，推广 BIM 技术，益埃毕集团举办了益埃毕杯全国大学生 Revit 作品大赛。

建设类专业的大学生承载着中国 BIM 的发展与未来，是未来建设行业的顶梁柱。掌握 BIM 技术的前提是需要熟练掌握 BIM 软件的应用。目前，市场上 BIM 软件众多，Autodesk 系列软件无论是市场占有率还是软件成熟度，都得到了业内的高度认可。本次大赛面向全国所有院校学生，并评选出具有建模创新、可视化创新、应用创新的作品。大赛旨在加快推进 Revit 软件在院校课程设计中的使用，强化实践教学环节、推进教学改革，培养满足市场需求的 BIM 人才后备军。

赠人玫瑰手留余香，在信息共享时代，优秀的作品应该拿出来与众人分享。上海益埃毕集团 BIM 教育团队经过精心筛选，将优秀的参赛作品编制成册。它见证了各个大学生团队齐心协力，共同完成一个优秀作品的历程。这是一段宝贵的经历，在参赛大学生学习、生活的路上，拓下一个个清晰的脚印，这也将是他们人生画册上精彩绝伦的一笔。

编　者

二维码使用说明

为了能够更加清晰地了解每一个大学生团队的参赛作品和答辩环节，在每一个作品的结尾处均放置了一个二维码。按以下步骤操作，即可实现免费观看。

1. 利用手机各类 APP，如微信、手机浏览器等扫描二维码，弹出如图 1 所示的界面。

图　1

若利用手机浏览器扫描二维码，将在浏览器中得到如图 2 所示的网址。通过复制到手机 QQ 中"我的设备"并单击"发送"按钮→在电脑端 QQ "我的设备"中找到该网址（图 3）→直接单击该网址，就会自动跳到浏览器中打开，就可以利用电脑端观看作品视频。以下步骤，无论在移动端操作还是在电脑端操作，均适用。

图　2

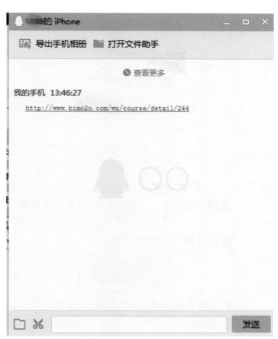

图　3

2. 单击图 1 中的"购买课程"按钮，弹出如图 4 所示的对话框。单击"注册新账号"按钮，弹出如图 5 所示的对话框进行注册。相关注册资料填写完毕后单击"立即注册"按钮完成注册。

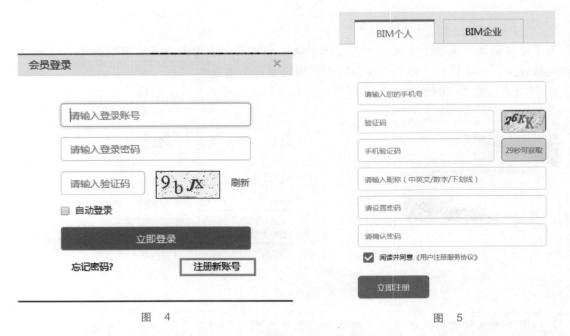

图　4　　　　　　　　　　　　　　　图　5

3. 返回如图 1 所示的界面中，单击"购买课程"按钮，弹出如图 6 所示的对话框，单击"立即购买"按钮即购买成功，并弹出显示"支付成功"的对话框，如图 7 所示。注意：在这里支付金额为 0 元。

图　6

图　7

4. 单击图 7 中的"继续购物"按钮，会跳到如图 8 所示的界面中。单击"在线播放"按钮，跳到如图 9 所示的界面，单击"免费试听"按钮即可免费、完整地观看作品视频。

图　8

图　9

目　录

序

前言

二维码使用说明

参 赛 院 校

（以下顺序不分先后）

 大连理工大学

 兰州理工大学

 河北工程大学

 新乡学院

 长安大学

 西京学院

 安徽工业大学

 石家庄铁路职业技术学院

 攀枝花学院

 河北工程大学

 河南城建学院

 山西工商学院

 徐州工程学院

 大连大学

 青海建筑职业技术学院

 宁波大学

 福建工程学院

 四川建筑职业技术学院

 青海大学

 南京工程学院

 南昌工学院

 西安欧亚学院

福建工程学院

 广西财经学院

 广西建设职业技术学院

 南通大学

 三江学院

 西安思源学院

 重庆科技学院

 石家庄铁道大学

 西南科技大学

 嘉应学院

 辽宁科技学院

 河北建筑工程学院

 山东建筑大学

 四川水利职业技术学院

 成都航空职业技术学院

 太原理工大学

 华南理工大学广州学院

 黄河水利职业技术学院

 西华大学

 江苏建筑职业技术学院

 海南大学

 广西交通职业技术学院

 湖南城市学院

 浙江大学

青岛酒店管理职业技术学院

 湖南工学院

 上海工程技术大学

 沈阳大学

 南华大学

 桂林理工大学

 青岛理工大学

 重庆大学

 江西理工大学

 广州岭南职业技术学院

 兰州交通大学

 福州大学

 赤峰学院

 北京工业大学

 陕西国防工业职业技术学院

 陕西铁路工程职业技术学院

 石家庄铁道大学

 昆明理工大学

 常州工学院

 山东城市建设职业学院

 黑龙江东方学院

 沈阳建筑大学

 广西科技大学

 东南大学

辽宁建筑职业学院

 中国人民解放军理工大学

 沈阳工程学院

 宁波工程学院

 武汉工程大学

 华中农业大学

 天津理工大学

 唐山学院

 广州番禺职业技术学院

益埃毕杯全国大学生 Revit 作品大赛评审规则

语言表达(20分)	PPT 等媒介质量(20分)	BIM 认知(30分)	专业知识(30分)
条理十分清晰,语言简洁明了,肢体语言恰当、丰富,内容丰富,主题突出,声音洪亮,能够感染他人	PPT 内容完整,使用大量文本、图片、表格、图形、动画等表现工具整体界面美观	BIM 建模环境设置全面,建筑构件制作精美,建筑方案造型新颖,建筑方案设计表现突出	严格按照国家制图标准设置,基本建筑形体非常完整,整体效果真实、精美,BIM 模型参数使用全面
16~20分	16~20分	23~30分	23~30分
条理清楚,语言流畅,声音适中,内容丰富,主题明确	PPT 内容基本完整,使用少量文本、图片、表格、图形、动画等表现工具	BIM 建模环境设置较全面,建筑构件制作完整,建筑方案造型较新颖,建筑方案设计表现明确	基本按照国家制图标准设置,基本建筑形体完整,整体效果真实,BIM 模型参数使用合理
11~15分	11~15分	15~22分	15~22分
条理比较清楚,语言流畅,声音较小,内容较丰富,主题基本明确	PPT 内容不完整,没有使用文本、图片、表格、图形、动画等表现工具	BIM 建模环境设置较全面,建筑构件制作较完整,建筑方案造型一般,建筑方案设计表现基本明确	基本按照国家制图标准设置,基本建筑形体较完整,整体效果较真实,BIM 模型参数使用较合理
6~10分	6~10分	7~14分	7~14分
条理不清楚,停顿过多,声音小,语言贫乏,无表现力,主题不明	PPT 过于简单,内容粗糙	BIM 建模环境设置不全面,建筑构件制作不完整,建筑方案造型一般,建筑方案设计表现不明	未按照国家制图标准设置,基本建筑形体不完整,整体效果不真实,BIM 模型参数使用不合理
0~5分	0~5分	0~6分	0~6分

注:评审专家根据上表内容进行评审,计算总分数,以总分进行排名。

项目 1　恐龙馆设计——浙江大学
（Revit 建筑组，一等奖）

参赛人员：赵贵佳、齐安、林俊挺、黄翰仪、钟佳滨

指导教师：王杰、杨易栋

一、项目简介

该项目为中国禄丰侏罗纪世界遗址馆，位于云南省楚雄州禄丰县。项目总建筑面积 9991m²。遗址馆依山就势，建造在发掘恐龙化石的遗址之上，采用大跨度空间网架结构以保护挖掘现场原貌和其下尚未被挖掘的恐龙化石。建筑平面北区为遗址现场，南区充分利用原有地形高差布置了不同标高的展厅，厅厅递进，逐渐抬高，形成了较为清晰的参观序列。

据地质学家的推测，亿万年前发生的一次山体滑坡导致了这些恐龙的灭亡。建筑以再现恐龙灭绝的历史场景立意，外形还原灭绝时的恐龙形态。由此形成的恐龙形状的中空混凝土核心筒不但具备了形式上的作用，还承担了内部交通的作用。此外，建筑还充分利用恐龙大柱子的拔风效应来通风换气，这一被动式节能技术极大地降低了建筑能耗，如图 1-1 所示。

图　1-1

二、建模过程

1）在 SketchUp 中进行方案的推敲，如图 1-2 所示。

2）确定形体后在 Rhino 中建立屋面的形体框，如图 1-3 所示。

3）通过体量概念导入到 Revit 中，如图 1-4 所示。

4）对屋顶进行赋面并添加支架，如图 1-5 所示。

5）在 Grasshopper 中对屋顶的网架结构进行设计和生成，如图 1-6 所示。

6）将网架导入 Revit 中，创建标高、轴网，如图 1-7 所示。创建楼板、墙、楼梯、门窗，如图 1-8 所示。创建地形，如图 1-9 所示。

7）将模型的各个部分在 Revit 中进行拼接，形成完整的模型，如图 1-10 所示。

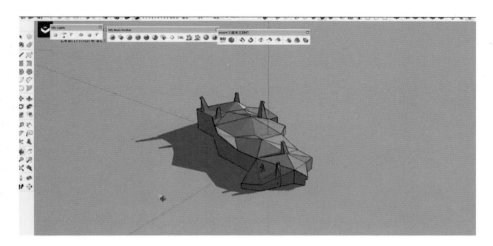

图　1-2

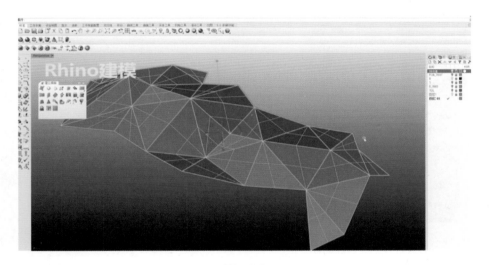

图　1-3

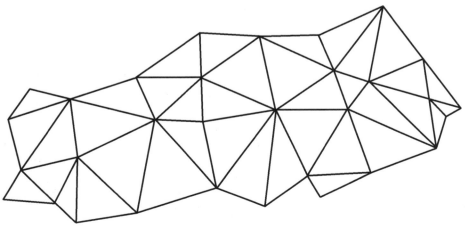

图　1-4

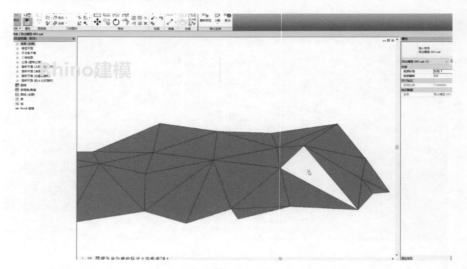

图　1-5

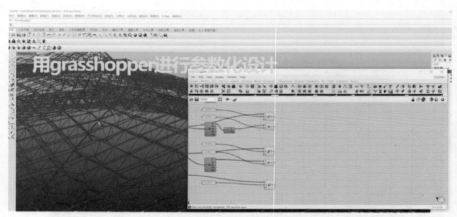

图　1-6

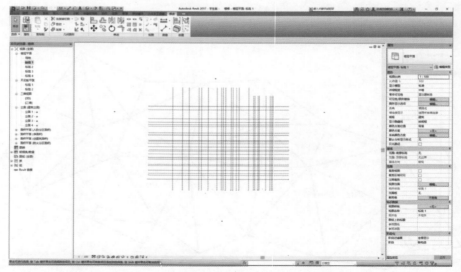

图　1-7

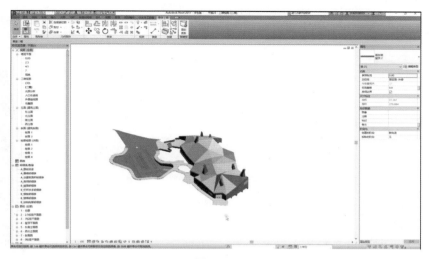

图 1-8

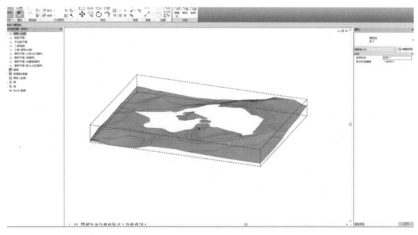

图 1-9

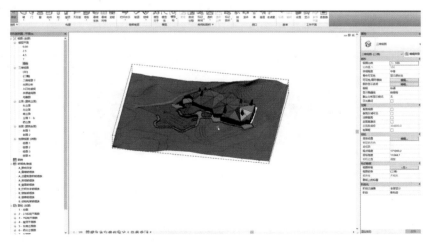

图 1-10

三、BIM 应用点

1. 烟囱效应分析

烟囱效应的分析如图 1-11 所示。

中空的混凝土斜柱不仅减少了建筑跨度、节约了造价，其顶部设置的通风百叶也起到了拔风的效果，形成自然对流的通风模式。由此，使遗址馆大空间中不需要机械排风就能达到通风换气的标准，最大限度地达到了节能运行的目的。

云南因其独特的地理气候条件，使得有效的自然通风组织尤显重要，这样的思考在技术日益发展的现在尤其具有借鉴意义。

2. 绿色节能分析

利用 Green Building Studio 对模型进行了绿色分析，得到了建筑能耗、冷热负荷、光照、温湿度变化等信息，为建筑的管理提供了一定的数据参照，如图 1-12 所示。

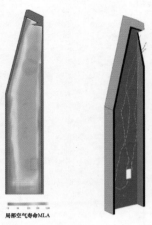

局部空气寿命MLA

图　1-11

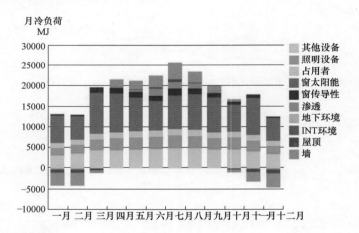

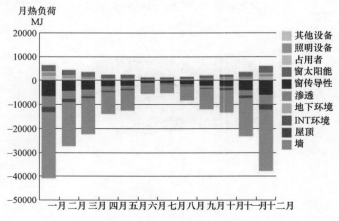

图　1-12

3. 虚拟博物馆的建设

模型制作完成后，尝试将模型与网络结合起来，在未来，游客将有机会在网络上虚拟访问恐龙馆，足不出户就能体验到建筑的美感并且学习到有关恐龙的有趣的知识。这一拓展将使模型的利用达到最大化。

四、总结与展望

1. 特点与优势

1）该项目立足于云南禄丰恐龙馆工程项目，可以与实际地形环境结合，探索 BIM 在异形建筑以及后期优化改建上的应用。

2）可以多软件协同工作，研究不同平台上的 BIM 应用与不同平台之间的互动交流。

3）能将 BIM 应用于后期分析，从需求出发，得到了日照、能量等相关分析数据，为项目优化打下基础。

4）可视化表达得精致出色，出图完整规范，项目后期展示表现力强。

2. 反思与不足

1）可以采用 Dynamo 进行参数化设计并与 VR 技术结合。

2）应加入施工模拟与算量，从而寻求更加优秀的施工方式与结构体系。

3）作为博物馆项目，应探索 BIM 在运营管理上的应用。

3. 展望

参加这次 Revit 大赛是浙江大学求是鹰团队在 BIM 道路上走下的坚实的一步。整个团队学习了大量的 BIM 知识，感受到了 BIM 浪潮的惊人魅力。面对未来，在 BIM 应用上，要学习更多、更前沿的相关技术，更要投身实际，熟练掌握项目全生命周期的 BIM 应用；同时，作为前沿高校的一份子，更要扛起 BIM 技术开发的担子，与今日同行的 BIMer 一起为这份事业奋斗。

作品视频

项目 2　基于项目机电 BIM 应用产学研结合——重庆大学（Revit 机电组，一等奖）

参赛人员：郭晶晶、张旖旎、彭森林、黄健

指导教师：毛超、华建民

一、项目简介

本项目位于重庆市巴南区界石镇，用地北邻工横三路，西邻工纵一路，南邻工横二路，东邻双龙路，其总用地面积 33.8 万平方米。建筑结构形式：主车间为框剪+钢结构，其他各单体为框架结构。项目效果图、模型图如图 2-1 和图 2-2 所示。

图　2-1

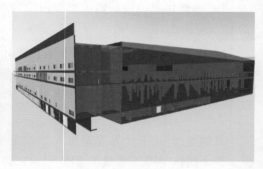

图　2-2

本项目重点、难点如下：

1）工作量大。不同性质的机房数量大且对应不同分包商。主要分包商包括一般机电包、废水包、纯水包、消防包、PCW 包、CDA/PV 包、洁净包、工艺废气包、化学品包共计十余家分包商。

2）要求差距大。分包商的工艺要求差距大，导致各个分包商所承包的机房的管道对接难度大。

3）图纸不合理。前期设计院的设计图纸不合理，如管井尺寸影响方案设计不合理，从而导致沟通困难。

4）模型变动大。业主提供的土建模型是最初的图纸，而现场使用的已经是第三版的图纸。

5）工期紧张。由于 BIM 团队进场时间晚、工期紧，各分包单位都等着优化后的图纸。

6）精度要求高。精度要求高，设计图纸直接用于施工，对工作质量要求极高。

7）净高要求高。结构净高变更，对于管线综合标高的净高要求更苛刻。

二、BIM 实施准备

BIM 实施组织框架，如图 2-3 所示。

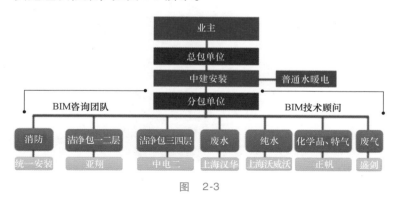

图　2-3

1. BIM 实施目标

1）协调进场顺序主动考虑管线排布及标高，保证布置合理。

2）克服设计图纸不合理，通过实际测量和多方沟通，确定合理方案。

3）多次核查，多方讨论，共同制订管线架排布方案。

4）根据甲方要求，进行净高分析，避免交叉。

2. BIM 实施准备

为配合项目实施制订了 BIM 实施策划方案、BIM 建模和交付标准等，并搭建了一系列 BIM 应用软硬件平台，构建了 BIM 移动工作站、BIM 现场应用平台等。并结合 BIM 软件应用，高效地进行了项目相关研究。其中主要应用的软件及在本项目的应用方面为：

1）Autodesk Revit 2015：①土建结构模型的搭建；②机电各专业模型的搭建；③模型整合及优化出图。

2）Fuzor 2016：①多专业模型整合检查；②三维漫游会议讨论交底；③构件信息录入和查询。

3）Autodesk Navisworks：①多专业模型整合检查；②碰撞检测优化；③模型轻量化处理。

4）Autodesk CAD 2015：①CAD 图纸查看；②绘制优化施工图审核。

三、BIM 实施应用

1. BIM 实施流程

根据本项目的 BIM 实施方法，构建了如图 2-4 所示的 BIM 实施流程，以保证 BIM 在各个环节顺利实施。

2. 土建 BIM 模型的调整

本项目土建模型由设计院提供，但是设计院提供的模型为初版设计模型，主要由于后期出现变更而设计院土建模型没有及时更改，加之土建施工误差，最终导致梁底净高以及墙柱位置与设计图纸不符合。二层土建 BIM 模型如图

2-5所示，二层局部机电模型如图 2-6 所示。

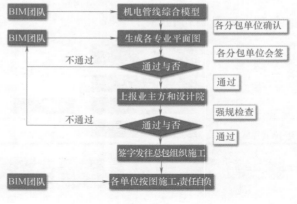

图　2-4

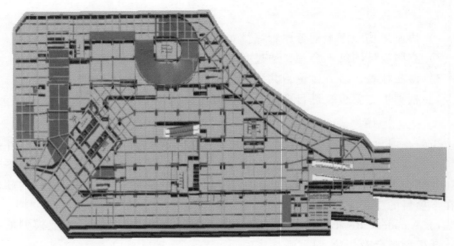

图　2-5

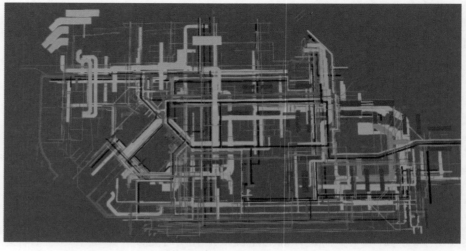

图　2-6

通过对土建模型进行施工图纸校核以及在现场实测重点部分，来调整模型保障土建基础模型与实际模型一致，为后面的管综优化提供准确的基础设备机房（从最初设计模型的两层调整到三层），如图2-7所示。

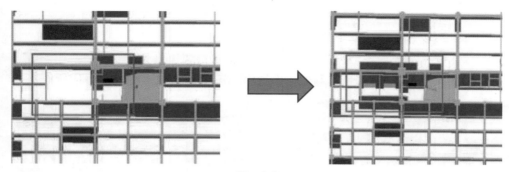

图　2-7

本项目机电种类较多，管线错综复杂，且净空要求严格，但项目中的设计图纸深度不够，施工多专业又出现交叉。本团队对基于机电部分的 BIM 模型进行优化，进行单专业及多专业碰撞检查，并提交设计方，提前进行相关的设计变更处理。碰撞检查过程中，汇总了碰撞报告，分为给排水专业碰撞报告、暖通专业碰撞报告及管综专业碰撞报告，并统计了各专业碰撞数量，为后期的优化提供了依据，如图2-8所示。

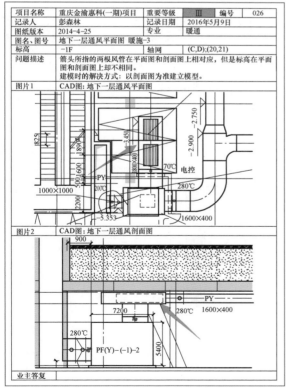

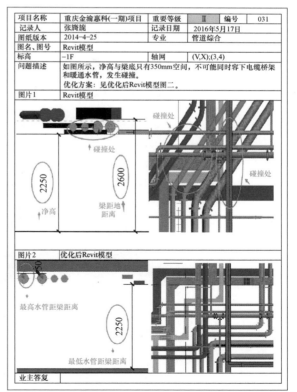

图　2-8

3. 管综排布优化

管综排布优化的方法主要为:

1) 根据业主净高要求优化。
2) 根据现有管线布置规范优化。
3) 根据各分包单位管线的主次关系优化。
4) 根据与现场各分包单位技术人员的沟通协调优化。

优化前、后模型如图 2-9 和图 2-10 所示。节点剖面定位详图如图 2-11 所示。

图 2-9

图 2-10

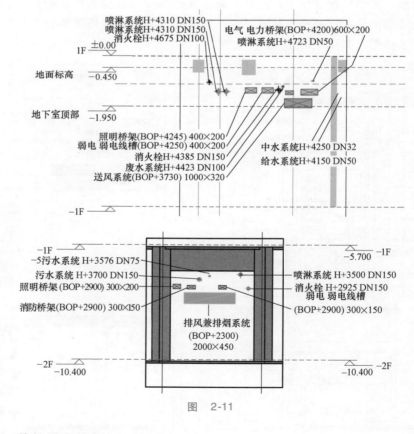

图 2-11

4. 管综排布优化

将各专业机电模型进行整合,查找管线碰撞,进行合理优化排布管道,以满足设计规范、施工排布、空间净高等要求，从而三维优化模型指导管线安装顺利进行。管道排布优化和现场实际对比如图 2-12 和图 2-13 所示。

图　2-12

图　2-13

5. 孔洞定位报告

基于机电管线复杂碰撞点，根据综合管线排布规范同时结合施工工艺经验，对各专业管线优化排布，最终输出管线施工剖面图以及孔洞定位报告，辅助施工安装的顺利进行，如图 2-14 所示。

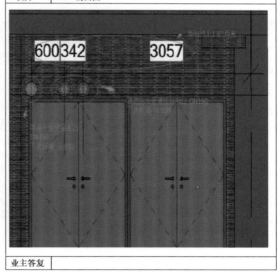

图　2-14

6. 净高分析

根据业主及功能要求，对部分空间进行了净高重点控制，主要有以下净高要求：

1）仓库取区域净高为 3.9m。

2）过道净高 2.7m。

3）卸货码头净高 2.8m。

基于优化排布后机电模型、输出空间净高报告、后期支吊架的安装以及装饰吊顶施工的依据，辅助业主对整体空间进行把控和管理。净高分析如图 2-15 所示。

图　2-15

7. 输出施工图

通过将各专业机电模型进行整合，查找管线碰撞，进行合理优化排布管道，满足设计规范、施工排布、空间净高等要求后进行施工出图。模型出图流程如图 2-16 所示。

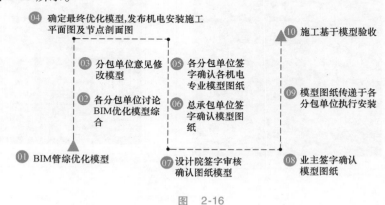

图　2-16

8. 优化后管线排布图

通过将各专业机电模型进行整合，查找管线碰撞，进行合理优化排布管道，满足设计规范、施工排布、空间净高等要求后进行施工出图。图纸传递记录如图 2-17 所示。

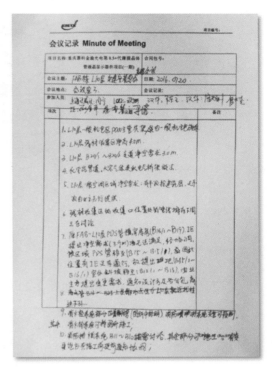

图   2-17

9. 管综优化重难点

管井图纸均为自行设计，原设计不合理，管井小。经过修改，管道支架在管井内部的排布清楚明了，图纸制作直接与施工班组交底，确保能够施工。大管井复杂部位平面图如图 2-18 所示，大管井复杂部位三维图如图 2-19 所示。

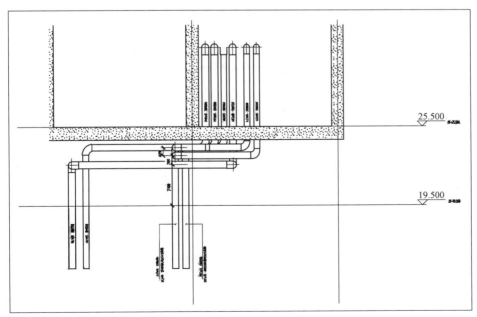

图   2-18

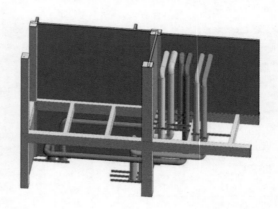

图　2-19

10．BIM 现场协调

BIM 现场协调如图 2-20 所示。

图　2-20

现场主要存在以下几个难点：

1）进场时间较晚，土建已经施工完毕，时间比较紧张。

2）分包单位众多，管线综合涉及各家分包单位利益。

3）现场指导施工一线技术人员，进行技术三维交底，实时与一线工人沟通协调，保证安装的准确性。

四、BIM 项目总结与应用展望

1．BIM 项目总结

（1）产

1）基于 BIM 模型的空间管理优化，有效解决了复杂管线的排布。

2）基于优化模型输出准确施工平面图，得到各方的认可确认。

3）提前进行优化排布，降低了不必要的浪费。

4）保证了施工的正常进行，同时 BIM 模型为后期运营管理打下了基础。

（2）学

1）BIM 在机电深化应用中得到实际案例的结合。

2）对 BIM 技术的应用及深度有了更直接的认识。

3）对专业知识的掌握有了较大的提升。

4）对 BIM 技术在管理协调方面有了一定的经验。

（3）研

1）研究了机电 BIM 应用的深度及现状。

2）对国内外 BIM 技术应用的理论与实际进行了对比。

3）对施工阶段 BIM 推行的阻碍因素进行了探索，对下阶段机电 BIM 应用进行了展望。

2. BIM 项目总结

基于重庆金渝惠科（一期）项目机电 BIM 落地应用的探索，取得了一定的成效，但与 BIM 技术最大价值的发挥还相差较远，仍需要不断地积累探索，主要有以下几点：

1）模型中的管线排布应用于现场施工有一定差距。实际施工存在施工误差、连接件等因素，同时存在许多不确定性。

2）最佳方案由于前期设计的原因仍然存在问题。BIM 的各参与方应同时进行，若进场时间差距过大，则存在后期协调难度大、空间不足等问题。

3）平衡各方利益是施工阶段 BIM 应用的阻碍之一。项目部分参与方在一定程度上抵触 BIM 技术推行应用，以及在协调参与中配合不积极。

4）BIM 技术现阶段落地应用价值点单一。机电 BIM 应用是 BIM 技术中最为成熟的一点，但还无法发挥其真正的价值，需要不断深化。

3. BIM 应用展望

如图 2-21 所示，对 BIM 应用有 RFID 技术、物联网、点云技术和成本控制等的展望，可以实现全过程的信息录入并输出 Cobie 标准文件进行后期运维管理。

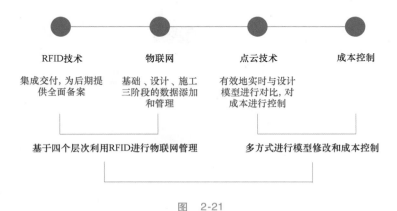

图　2-21

1）RFID 技术的应用。模型构件对应唯一可识别的编码，对模型进行分专业分楼层，按照系统和位置两个纬度进行划分。在进行管线综合设计时，为了后期能够进行集成交付（IPD）以运维，需要在前期创建 IFC 数据接口，为后期提供全面的备案，如图 2-22 所示。

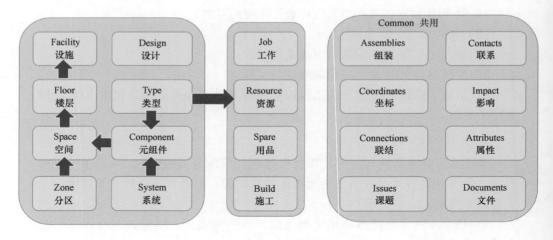

图　2-22

2）BIM 与 LoT（物联网）的结合。根据不同阶段进行数据的添加。在基础阶段，进行基础信息的添加，包括对 MEP 系统的定义、各因素和系统的关系等。其次是设计阶段，此时应该将管线的类型、材质、地理位置等关联到建筑模型中。接着是第三阶段，也就是施工阶段，为了推进施工的进行，应该将管线的施工文件，对原材料的消耗、成本的消耗等关联到模型中。最后应添加运维阶段所需信息，如运维计划、管线日常成本和消耗、监控信息等，如图 2-23 所示。

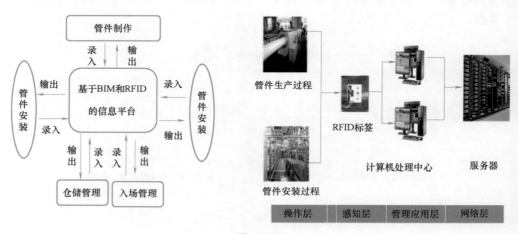

图　2-23

3）点云技术的应用。利用模型进行施工完成后的管线进行扫描，建立新模型，与设计完成的模型进行对比，为原 BIM 模型的修改提供可靠数据。在施工过程中，实时与设计模型进行对比，对成本进行控制。三维扫描仪如图 2-24 所示，点云 BIM 模型如图 2-25 所示。

图　2-24

图　2-25

作品视频

项目3 学院艾德楼园林景观——西安欧亚学院（Revit景园组，一等奖）

参赛人员：刘洋、郝懿、潘星星、臧赛
指导教师：王彩雪、麻文娜

一、工程概况

1. 项目简介

西安欧亚学院位于陕西省西安市雁塔区东仪路南段，总占地面积 1000 余亩。校园欧式风格的建筑与精心规划的园林错落有致。主校门与图书馆形成明确的轴线对位关系，自东向西搭配教学楼、体育馆、学生宿舍楼、餐饮大厦等教学服务建筑，构成了错落有致的空间系统。欧亚校园绿化面积达到 60% 以上、呈现公园式建筑布局，营造出具有现代人文气息的大学校园环境。欧亚校园园林景观项目基于西安欧亚学院平面 CAD 图纸建造，旨在展现建校初期的欧亚学院。

图 3-1

2. 工程重难点

本项目基于西安欧亚学院校园整体布置平面图建造，由团队成员合作完成园林景观设计，如图 3-1 所示。本项目 BIM 设计的特点和难点主要表现在以下几个方面。

1）空间结构复杂下的整体景观设计。
2）异形建筑的精确建模。
3）基于 BIM 技术的场地布置、布局控制以及模型优化。

二、BIM 技术在项目中的具体应用

1. 整体布局与场地设计

经过实地参观欧亚学院景观布置，进行模型优化，在平面图上标记高程点，根据标准图集和实际测量，设计园林规划 CAD 二维平面图，将 CAD 图纸导入 Revit 中，通过创建异形族，进行初步建模，如图 3-2 所示。

2. 模型优化

基于 Revit 操作平台进行初期建模结束后，将模型导入 Lumion 进行渲染优化，如图 3-3 所示。

图 3-2

图　3-3

依据以下三个原则进行后期制作：

1）场景布置原则：采用多样的树木姿态组成丰富的轮廓线，以不同的色彩构成绚丽多彩的景观，能满足教育、休闲、运动、生活等富有文化气息、满足生态要求、创建自然优美的校园环境。

2）水体布置原则：要有大小、主次之分，并做到山水相连，相互掩映。在校园内设置多个水体，大小不一、形状各异，水池、喷泉相映成趣。确定水体位置后，水电安装及园林景观摆设调试才可以进行。

3）灯光布置原则：路灯的平面布局受到许多客观条件的限制，要考虑许多因素，这些因素又互相影响、彼此制约。诸如交通流量、路宽、路面结构、灯具的功率、安装高度及交叉路口等条件不同则平面布局各异。

3. 渲染动画

在 Lumion 中依据孤置、对置、散置、特置等手法布置景石位置，通过渲染漫游等方法，可以明确置石目的、布局特点，反复推敲置石方案，如图 3-4 所示。

图　3-4

三、创新点

1. 制定本项目标准

在模型建立前制定了一系列相关标准、命名规则，建立属于自己的项目族库，确保模型的规范和合理。

2. 可视化 VR 技术的应用

建筑行业存在的痛点之一就是建筑效果未知，导致施工方难以把握设计意图，客户难以预知施工状况。本团队将已建的 BIM 模型与 VR 技术结合。对施工方案进行修改。把不能预演的施工过程和方法表现出来，节省时间和建设投资，如图 3-5 所示

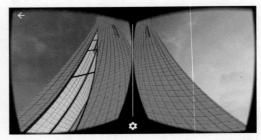

图 3-5

3. 协同设计

在建模过程中，本团队意识到一个项目的设计到模型搭建不可能由一个人来完成，这需要整个团队来协同工作。由于时间限制等因素，本团队建立了协同工作解决方案：工作集和中心文件。

四、总结与展望

为了提高模型的 LOD 精度，本团队实地参观欧亚学院景观布置，根据实际场景建族，将 BIM 技术与实际工程相结合。

通过对专业图集和行业规范的学习，不仅专业知识得到了补充，而且知识面也得到拓宽。

通过全专业的建模和专业知识的运用，本团队可以将知识融会贯通增强知识联系体系。

在备赛过程中，学校和老师给予了本团队很大的支持。本团队怀着感恩的心，努力把作品做得更好。

在参赛过程中，本团队四人收获了友情，团队意识得到了增强，协作能力得到了提高，整个过程虽然充满了酸甜苦辣，但却很真实，每一个充满喜怒哀乐的瞬间，都是成长路上最珍贵的回忆。

作品视频

项目4 普通食堂项目——南昌工学院
（Revit 建筑组，二等奖）

参赛人员： 彭小平、周杨、周晗、杨联丽
指导教师： 刘中明、王泽龙

一、工程概况

1. 项目介绍

南昌工学院普通食堂位于江西省南昌市红谷滩新区创业南路 998 号，建筑总面积为 12097m²，主要包含了一食堂、二食堂，造型奇特优美，食堂四面包纳了公寓、商业街、银行、教学楼，环境优美，是学生经常出入的地方，如图 4-1 所示。

图　4-1

2. 工程重点难点

南昌工学院普通食堂项目弧形幕墙施工难度大、测量精度要求高、异形幕墙节点处理难，针对弧形幕墙施工难度大的特点，本团队根据相关资料制订了解决方案，并进行综合性对比。

二、BIM 组织计划及运用环境

1. 团队管理

项目开始前，团队进行项目分工、制作项目进度表、项目节点管控，为项目进度达标提供基础保证。团队成员都通过了全国 BIM 等级考试，包含了机电工程师、建筑高级工程师，团队成员业余生活丰富，不仅在施工现场实践而且还做过大大小小的 BIM 项目，具有丰富的实战经验。

2. 软硬件环境

南昌工学院 BIM 工作室为此次比赛配备了高配台式计算机 5 台、VR 实验室相关设备、3 台全站仪、一台 3D 打印机等。计算机均装有 AutoCAD 2014 、Revit2015、Navisworks 2015、Lumion 6.0 以及办公软件等。

三、BIM 技术的应用

1. BIM 标准规范

在项目初期，根据项目需要查找和制定相关 BIM 规范并统一模型命名规

范、构件命名规范，达到高效建模与管理一体制。项目依据 CAD 二维图纸创建建筑标准样板，并建立墙、门、窗等族构件标准实例，使用 BIM 软件链接模型，初步检查模型精准度。

2. 信息化建模

BIM 模型精度是模型的关键，项目族库统一参数化控制，实现一模多用，提高建模效率，同时使用 Revit 强大的信息化、可视化功能，统计各类构件的信息，并输出分类明细表，如图 4-2 所示。

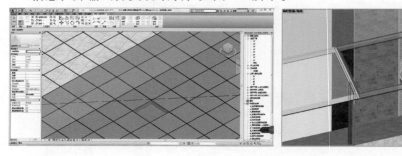

图　4-2

3. 基于 BIM 技术的图纸校核

利用 Revit 强大的出图功能，同时使用标准出图规范导出施工图。在项目中，本团队发现两张图纸中的 C1 类型窗户大样详图不符，在确定位置后编写报告提交给指导老师。

4. 施工模拟

项目引入了 4D 施工模拟技术，利用 Navisworks 制作南昌工学院普通食堂项目的施工模拟动画（图 4-3），模拟工程节点，超前实现项目的可视化，从

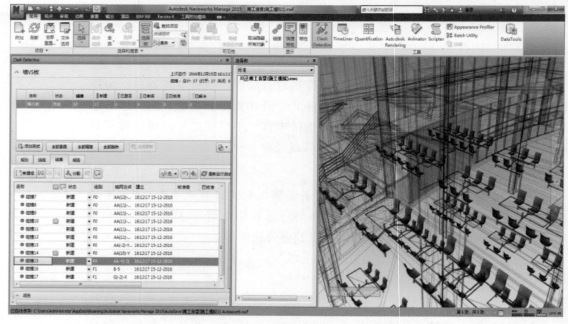

图　4-3

4D 视觉直观掌握工程进度，如图 4-4 所示。

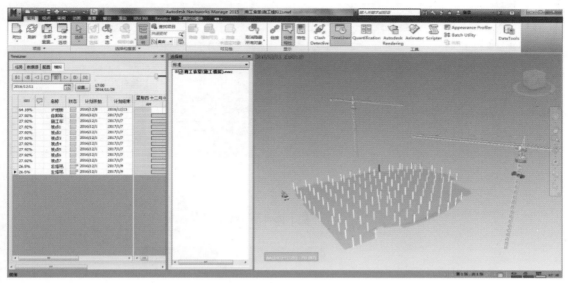

图 4-4

5. 工程量统计

在本项目中利用新点比目云 5D 算量，选用江西地区 2013 清单，使用默认的扣减规则，统计工程量，并输出实物工程分楼层汇总表，达到标准工程数据库的构件一体化，如图 4-5 所示。

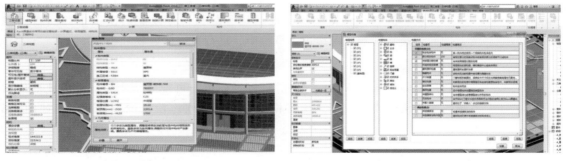

图 4-5

四、BIM 技术应用创新

1. 可视化创新

利用 Lumion、3Dmax、Fuzor 传递现场演示，通过对 BIM 模型进行效果图渲染处理和漫游制作，将快速工作和高效工作结合在一起，创造出惊人的建筑可视化效果，如图 4-6 所示。

2. Revizto 协调平台的应用

利用 Revizto 协同平台，将模型统一存档，云上传查看整体模型，进行测量分析，显示问题报告，从而提高项目管理效率和工程质量，如图 4-7 所示。

图　4-6

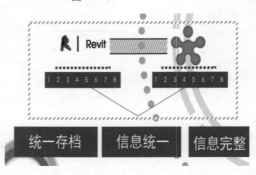

图　4-7

3．全站仪的应用

通过现场测量，还原实际场地模型和数据，方便点云模型中几何量的测量，如同迅速将现场实况搬进计算机中，进行更好的建模和创新。

4．淹没模拟与可视分析实验

利用 Local Space Viewr 软件进行淹没模拟与可视分析实验。采用地理信息系统与水力演进模型，结合三维模拟技术对洪水淹没范围进行模拟，如图 4-8 所示。

图　4-8

5．BIM360 移动终端的应用

通过 BIM360 移动终端管理模型文件，优化项目质量和成果，可以很方便

地提供相应数据和管理模型，及时发现并思考项目中存在的问题，最大限度地
减少错误和返工，如图4-9所示。

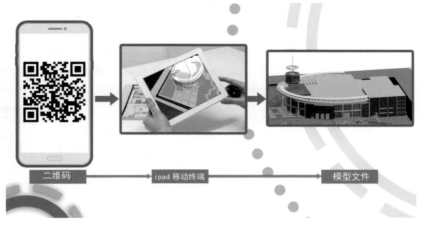

图 4-9

6. 3D 打印机的应用

3D 打印模型可以有效地传达想法，对项目的沟通以及问题的解决提供了很
大的帮助，如图4-10所示。

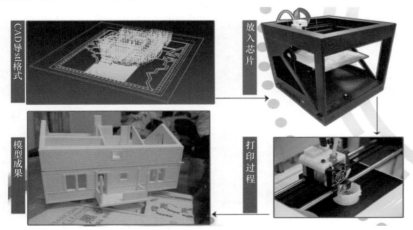

图 4-10

7. VR 与无人机的应用

使用无人机，可以从更高的角度、
更宽大的视野俯视建筑的整个场景，
提供了全新的思考方式，同时通过虚
拟现实系统对项目进行评价，发现设
计中出现的缺陷，使用相关软件模拟
出不同的解决方案，从而在一定程度
上提高了项目价值，完善了设计方案，
形成了 BIM 数据指导建设和管理，提

图 4-11

高了效率，减少了数据转译过程中的错误，如图 4-11 所示。

五、项目总结

BIM 技术在设计院、业主方、施工方、运维方、咨询方都占有非常重要的地位，在本次项目中整个团队有收获也有不足，在团队管理、专业素养、软件协调运用方面需不断加强，团队将继续探索 BIM 技术，并坚定走在 PC 模式、开发 VR 技术的道路上，相信 BIM 技术将在建筑全生命周期领域有卓越贡献。

作品视频

项目 5　学院实训楼 BIM 成果展示——广西建设职业技术学院（Revit 机电组，二等奖）

参赛人员：刘三甲、韦敏、祁惠方
指导教师：谢华、莫自庆、冯瑛琪、赵培莉

一、项目介绍

1. 项目简介

广西建设职业技术学院实训楼坐落于南宁市西乡塘区罗文大道东侧、相思湖北路的南侧。本工程分为 A、B、C 区，包括裙楼、塔楼及地下室，总建筑面积约 28 万 m²。其中，A 区包括地下一层和地上二十层，为框架剪力墙结构；B 区和 C 区为框架结构，分别为地上 2 层和 4 层。本工程采用旋挖成孔灌注桩基础，抗震设防烈度为 6 度，合理使用年限为 50 年，项目模型落成如图 5-1 所示。

图　5-1

2. 软件介绍

Revit2016 全专业建模；Navisworks 碰撞检查；新点比目云插件算量；Fuzor2016 虚拟现实；Lumion 视频录制。

二、BIM 应用

1. BIM 建模

本项目 BIM 机电专业建模包括电气、设备、给排水、消防、暖通等分部和分项工程，通过模型的搭建可以真实反应各专业的空间分布和交叉关系，如图 5-2 所示。

2. BIM 应用情况

（1）碰撞检查　利用已经搭建完成的模型和碰撞检查软件，对建筑与结构、设备专业管线之间进行各种错漏碰缺的检查，并导出碰撞检查报告，提出设计优化建议，一方面可以提高设计单位的设计质量，另一方面避免在后期施工过程中出现各类返工引起的工期延误和投资浪费，碰撞结果如图 5-3 所示。

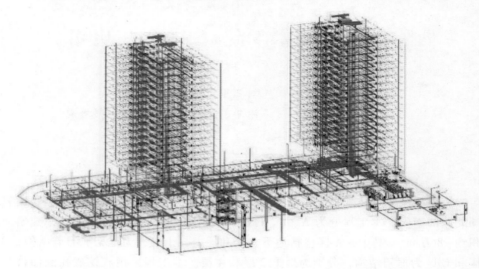

图　5-2

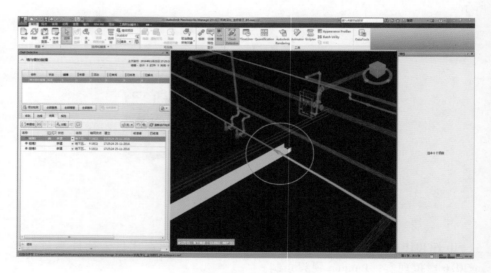

图　5-3

碰撞检查流程为：

1）在 Revit 中导出 NWC 格式的土建和机电全专业模型，并在 Navisworks 软件中打开。

2）分别选择要碰撞的类型，然后执行碰撞检测，完成碰撞检查后可以通过模型检测碰撞的情况进行管道碰撞处理，如图 5-3 所示。

3. 管线优化

依据设计文件，利用搭建好的模型，按设计和施工规范要求将主管廊及设备间的水、电、暖、通风等各专业管线和设备进行综合排布，既满足功能要求，又满足净空、美观要求。此项工作施工单位可用以指导现场施工，避免因返工造成的工期拖延和资金浪费；管理单位可以严格按此监管工程质量和进行准确的工程量统计；还可以形成各系统功能控制区域，用作运营管理单位后期运维的技术支持。

管线优化流程为：搭建全专业 BIM 模型→寻找复杂的节点→进行管线优化→输出虚拟现实效果，如图 5-4 所示。

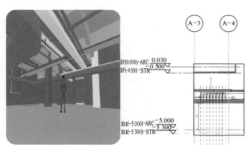

图　5-4

管线优化总结：

1）用面的思维解决点的问题。

2）到源头去解决末端的问题。

3）拿无用的空间换有用的空间。

4）以局部的牺牲换整体的品质。

4. 应用效果

与传统设计相比较，本项目 BIM 的综合效益主要体现在以下几方面：

1）预算方面：通过 5D 算量提供精准的预算，减少造价费用。

2）设计方面：进行碰撞检测，提前找出问题，减少施工变更；优化管线排布，提升室内净高；优化图纸设计，节约施工费用；提供三维可视化管线综合，各机电专业合理协调等。

3）施工方面：提供直观的三维可视化效果，可对分包单位、项目经理、施工班组进行可视化交底，指导施工；提供虚拟现实效果；提供现场协调管理方案，采用 BIM 平台工作可以为业主方、施工方、设计方和监理方进行沟通和协作，提高信息传递的准确性，减少建设期间的分歧，节约各方协调时间。

三、总结

1. 创新点

学院实训楼的 BIM 应用贯穿设计、预算、施工三方面，实现了施工管理的全覆盖。工程量的计算采用新点比目云 BIM 5D 算量软件，提高了效率，实现了建模一体化。以前技术交底都是二维图纸层面的交底，有了 BIM 技术之后，可以进行三维可视化的交底。

2. 经验教训

在实训楼的设计过程中，工作集的建立和管理存在不合理的地方，多人协同工作还难以称得上高效、娴熟。解决此问题只能靠技术和经验的积累。

在规范现场的管理流程、提升沟通效率、推进使用信息化安全质量管理方面还需进一步的探索。

作品视频

项目 6　钱江世纪城景观工程——天津理工大学（Revit 景园组，二等奖）

参赛人员：许志鑫、舒伯灿、肖婉怡、王鑫锐
指导教师：尹贻林、刘琦娟

一、项目介绍

　　钱江世纪城地处杭州绕城公路圈中心，与钱江新城拥江而立。东北到杭甬高速公路，西北至钱塘江滨，西南与高新滨江区相接，南连萧山城区，规划面积 22270m²，规划人口 16 万，是杭州城市国际化战略发展中最为活跃、最具潜力、最值得期待的发展板块，是钱塘江沿线独一无二的重要板块。钱江世纪城俯瞰如图 6-1 和图 6-2 所示。

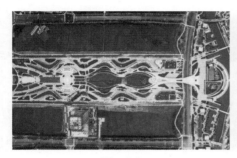

图　6-1　　　　　　　　　　　　图　6-2

二、建模流程

1. 设定目标

　　近期目标：建立精准模型，查找图纸问题。中期目标：校区整体呈现，实现虚拟漫游。终期成果：模型价值挖掘，汇总 BIM 成果。

2. 选择工具（图 6-3）

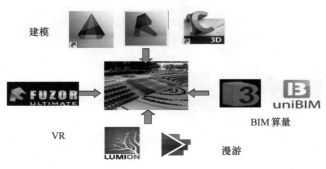

建模

FUZOR ULTIMATE

VR

LUMION

漫游

uniBIM

BIM算量

图　6-3

3. 图纸检查分解

选取了三个主要区域，通过熟悉图纸、清理图层、发现问题等方式来优化图纸，如图 6-4 所示。

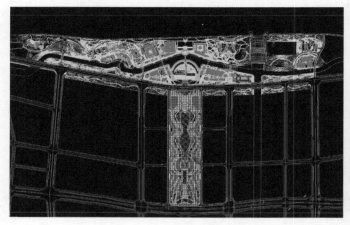

图　6-4

4. 建立建模标准

文件命名规范化。按照产品代码_ 项目名称_ 专业代码_ 内容_ 日期_ 作者的格式命名。

构件命名规范化。按照项目英文缩写 族类型编码 族编号 族尺寸的格式命名。

材质设置标准化。全部新建材质，材质名称严格参照图纸，避免材质冲突。

模型构件精细化。如广场面砖排布，力求真实还原园区景观。

内建模型规范化。新建族各项参数信息完备。

5. 建模方式

分块协同的建模方式有效地解决了超大地形的内存占用瓶颈问题，如图6-5 和图 6-6 所示。

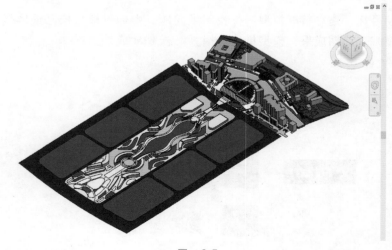

图　6-5

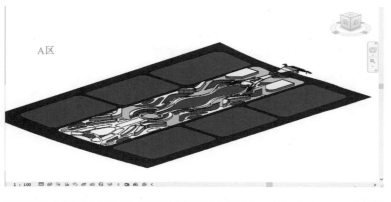

A区

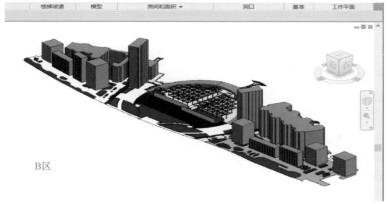

B区

C区

图　6-6

三、BIM 应用

1. 漫游可视化

通过标准化建模，利用渲染软件进行模型渲染、出图，为业主提供决策参考，并结合创新绿化景园设计，达到宣传效果。

2. 虚拟现实技术

通过 VR 技术，用户能够在短时间游遍园区，可以直接测量距离、查询构件信息，还可以变换物品搭配。将 VR 技术引入 BIM 中，让 BIM 模型不再枯燥、不再与现实差距遥远。

3. 光照模拟分析

利用经纬度定位，真实模拟太阳运动轨迹。通过软件分析阴影变化、场地方位，并结合植物的生态习性定位栽植位置。

4. BIM 模型算量

采用 Revit 明细表和 BIM 算量软件两种方式进行模型算量，为类似项目提供数据支撑。

四、工作总结

1. 收获

1）显著提高了团队的协调能力。

2）提升了整个团队的自信心。

3）BIM 技能得到提升，在实际项目中"做中学"。

4）更加深刻地理解"顶天立地"的理念，既要有扎实的理论基础，也要脚踏实地地投身实践。

2. 不足

1）成果还是不尽完善。

① 时间紧迫，无法"千锤百炼"。

② 整个工作流程尚未全部实现标准化。

2）图纸问题报告的价值尚无法实现，由于是已建项目，图纸问题无法在前期实现价值。

3）部分应用点并不完全适用这个项目，没有完全理解 BIM 在不同阶段的项目工程所应该扮演的角色。

4）模型与实际项目并没有紧密结合，由于是初次接触景观项目，缺乏实际项目经验。

作品视频

项目7　学院图书馆——湖南工学院
（Revit 建筑组，三等奖）

参赛人员：蒋有源、袁禹龙、田野、罗家欣
指导教师：易红卫

一、工程概况

1. 项目简介

湖南工学院（Hunan Institute of Technology）创办于 1975 年，是全国百所"卓越工程师教育培养计划"本科高校成员。BIM 技术实施主体为湖南工学院新校区图书馆，位于湖南省衡阳市珠晖区。地下一层，地上九层，钢筋混凝土框架结构，建筑面积 27838.94m² ，如图 7-1 所示。

图　7-1

2. 工程特点和难点

图书馆结构形式复杂，机电管线安装空间小，施工难度大。施工场地位置特殊，预留场地小，周边为校园核心教学区。图书馆内部功能分区复杂，弧形裙楼与夹层为施工难点。

二、BIM 组织与应用环境

1. 应用目标（三个阶段）

阶段一：基于 BIM 的三维模型建立。
阶段二：基于 BIM 的商务标应用。
阶段三：基于 BIM 的技术标应用及施工过程管理。

2. 应用流程

应用流程如图7-2所示。

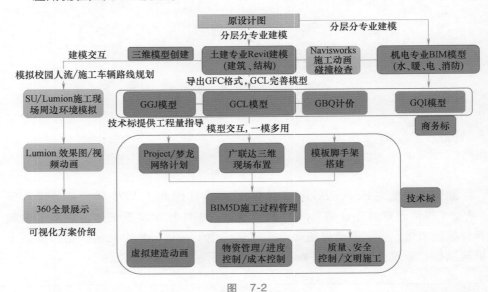

图 7-2

3. 团队组织

团队组织如图7-3所示。

指导老师：易红卫
造价工程师，从事工程概预算多年，工程经验及工程造价教学经验丰富。2016年BIM毕设指导中，团队获第二届广联达全国BIM毕设一等奖。主要负责识图，指导整个比赛相关工作。

蒋有源 队长
一级建模师BIM 5D认证
Revit建筑建模/360全景
MagiCAD消防专业建模
BIM 5D施工管理/NW动画

袁禹龙
一级建模师BIM 5D认证
Revit结构建模、三维场布
MagiCAD给排水专业建模
广联达GCL建模/GBQ计价

罗家欣
BIM 5D认证
Revit建筑建模/GMT建模
MagiCAD电专业建模
GQI安装算量/PPT制作

田野
一级建模师BIM 5D认证
Revit结构建模(嵌套族)
MagiCAD电专业建模
Lumion效果图/动画渲染

图 7-3

三、BIM 模型建立及应用

在 BIM 的应用中，模型是信息的载体，BIM 模型建立的优劣，会对将要实施的项目在进度、质量上产生很大的影响。

本项目根据设计单位提供的设计图纸、设备信息和其他相关数据，利用 Revit 建立建筑专业、结构专业模型，MagiCAD 建立机电专业模型，在建模过程中对图纸进行核对和完善。基于 BIM 的商务标应用建立广联达 GCL/GGJ/GQI 模型算量，并利用 GBQ 计价。基于 BIM 的技术标编制，创建 Project 进度计划、斑马梦龙网络计划工程文件、三维场布模型、模架模型、BIM 5D 工程文件。所建立的湖南工学院图书馆的 BIM 模型及配套应用如图 7-4 所示。

1. Revit-GCL 模型交互（工程量依据）

Revit 土建模型导出 GFC 文件，再将 GFC 文件导入广联达 GCL 生成初步模型。经广联达 GCL 完善后，进行土建算量，导出清单定额汇总表。

在 Revit 建模过程中对图纸进行核对和完善，利用 Navisworks 进行专业之间的碰撞检查，提前发现问题，减少施工过程中的返工，如图 7-4 所示。

图 7-4

2. GCL-GGJ 模型交互（工程量依据）

在广联达 GGJ 中导入 GCL，自动生成模型，在 GGJ 中完善模型，对相应构件进行配筋，导出钢筋汇总表，如图 7-5 所示。

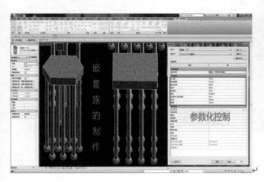

图 7-5

3. MagiCAD-GQI 模型交互（工程量依据）

创建 MagiCAD 机电模型，利用 BIM 审图来优化设计，导入 GQI 进行安装算量，如图 7-6 所示。

4. 斑马梦龙网络计划

根据湖南工学院（筹）新校区图书馆施工招标书工期 596 天的要求，查阅有关标准、定额、规划、制度，了解资源供应情况。根据广联达 GCL 模型导出的清单定额汇总表、施工方案及同类工程的施工经验，并考虑现场的实际情

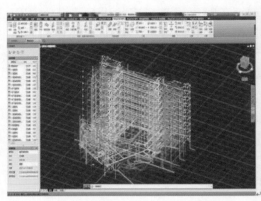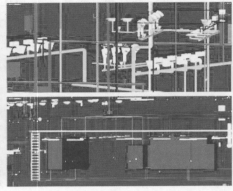

图　7-6

况，利用斑马梦龙网络计划软件，合理组织劳动力，优化关键线路，优化后工期为 564 天（日历天数），如图 7-7 所示。

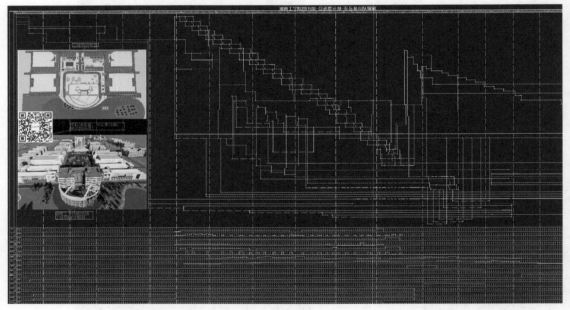

图　7-7

5. GCL-施工现场三维布置

将广联达 GCL 模型导入广联达三维现场布置 GCBC 软件中，进行临时设施等的搭建。

由于图书馆所处位置特殊，左右两边与正前方均为学校核心教学区，后方为雁鸣湖。图书馆施工预留范围狭小，必须在现有空间上布置且充分考虑对周边环境的影响。广联达三维场布-Lumion 方案仿真模拟，如图 7-8 所示。

1）切实结合施工场地与周边环境关系。合理紧凑布置，东入口为施工大门，供施工车辆进出，北入口为非施工车辆入口，作为办公车辆出入、员工上下班及紧急消防通道（图书馆东、西与正北方为核心教学区，人流量大，东大门作为施工大门，且与校园道路隔断，最大程度减小了对教学区的影响）。

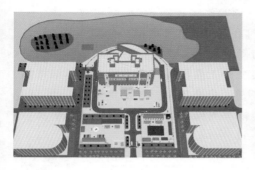

图　7-8

2）三维场布与 SU/Lumion 结合，对周边环境仿真模拟，验证方案合理性。

3）临水临电安全计算，设置安全文明体验区，施工模拟实验室，凸显安全管理。

6. GCL-广联达模板脚手架

通过导入 GCL 模型创建模架模型，基于实体模型进行脚手架布置验算、模板配模算量、模架体系安全验算与用量优化，如图 7-9 所示。

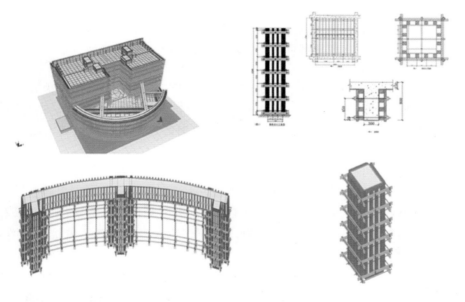

图　7-9

7. BIM 5D 技术在本项目中的应用

结合广联达 BIM 5D 软件，在管理水平方面，能提高沟通效率，减少沟通会议，提升商务数据提取效率；在技术指导方面，可以指导幕墙、脚手架、二次结构的排布，提高施工技术质量，节约材料用量，减少返工。具体有以下几个应用：

1）虚拟施工模拟。根据拟定的最优施工现场布置和最优施工方案，将由项目管理软件如 project 编制的施工进度计划与施工现场 3D 模型集成一体，引入时间维度，完成对工程主体结构施工过程的 4D 施工模拟，如图 7-10 所示。通过施工模拟，可以使设备材料进场、劳动力配置、机械排班等各项工作安排得更加经济合理，从而加强了对施工进度、施工质量的控制。针对主体结构施工过程，利用已完成的 BIM 模型进行动态施工方案模拟，展示重要施工环节的动画，对比分析不同施工方案的可行性，能够对施工方案进行分析，并听从甲方指令对施工方案进行动态调整，如图 7-11 所示。

 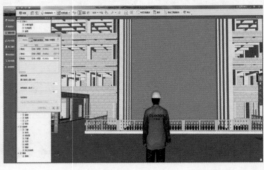

图　7-10　　　　　　　　　　　　　　　　图　7-11

2）施工现场可视化。基于 BIM "目标设定-模拟优化-跟踪展现-分析调整"完整进度管控流程，实现项目可视化管理，给生产人员带来全新管理思路，大大节省日常管理作业时间。

通过 BIM 技术可视化的模拟，缩短了现场工作人员熟悉项目施工内容、方法的时间，减少了现场人员在工程施工初期因为错误施工而导致的时间和成本的浪费，还可以加快、加深对工程参与人员培训的速度及深度，真正做到质量、安全、进度、成本管理和控制的人人参与。

3）施工方法可验证。BIM 技术能全真模拟运行整个施工过程，项目管理人员、工程技术人员和施工人员可以了解每一步施工活动。如果发现问题，工程技术人员和施工人员可以提出新的施工方法，并对新的施工方法进行模拟来验证，即判断施工过程，它能在工程施工前识别绝大多数的施工风险和问题，并有效地解决，如图 7-12 所示。

 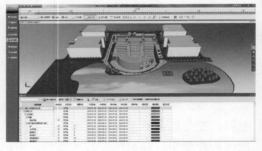

图　7-12

4）现场质量、安全、文明信息管理。现场管理人员发现质量、安全等问题后，将问题通过手机应用上传到云端和 PC 端，BIM 系统将质量、安全问题的位置、时间、整改情况等信息与 BIM 5D 模型相关联，可以实时查询任意节点或施工段及构件的施工安全、质量情况，并可自动生成工程质量安全统计分析报表。

5）砌体工程细化计算。通过模拟排砖，对砌体标准砌块、芯柱、水平连系梁、线盒等构件进行预制排布及优化、细化设计，为实现砌块的集中加工、集中配送提供技术支持，如图 7-13 所示。

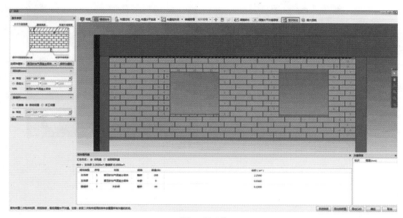

图　7-13

6）工程量快速提取。把各施工段模型与进度计划进行关联，可以进行各施工段的施工进度模拟，并可以按时间、流水段等多维度快速查询工程量。

7）关键施工工艺展示。对于工程施工的关键部位，如结构的关键构件及部位、卫生间施工，其安装相对复杂，因此合理的安装方案非常重要。正确的安装方法能够省时省费，传统方法只有工程实施时才能得到验证，这就可能造成二次返工等问题。同时，传统方法是施工人员在完全领会设计意图之后，再传达给建筑工人，相对专业性的术语及步骤对于工人来说难以完全领会。基于 BIM 技术，能够提前对重要部位的安装进行动态展示，提供施工方案讨论和虚拟现实交互，如图 7-14 和图 7-15 所示。

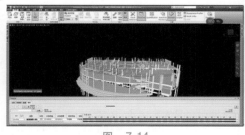

图　7-14

图　7-15

8）利用 720 云全景制作，Lumion 出效果图与动画，Ae、会声会影视频处理，如图 7-16 所示。

图 7-16

四、应用效果

本项目 BIM 应用效果见表 7-1。

表 7-1　本项目 BIM 应用效果

序号	项目名称	项目分层	项目内容/应用效果
1	BIM 模型建立（ Revit/MagiCAD/GCL/GGJ）	土建专业模型（Revit 导入 GCL，再创建 GGJ 模型）	按模型建立标准创建结构梁、板、柱截面信息、厂家信息、混凝土等级的 BIM 模型。GCL/GGJ 算量为技术标书提供工程量依据
		机电专业模型（Magi-CAD）	按模型建立标准创建机电 BIM 模型,安装算量为技术标书提供依据量
2	进度计划的编制	Project 进度计划	Project 进度计划导入斑马梦龙网络计划,优化网络计划图
		斑马梦龙网络计划	
3	施工方案规划	周边环境规划方案,场地布置方案（广联达三维现场布置创建）	对施工周边环境进行规划,合理安排办公区、休息区、加工区等的位置,减少噪声等环境污染。解决现场场地划分问题,明确各项材料、机具等的位置堆放
		模架专项施工方案（广联达模架搭建）	直观地对专项施工方案进行分析对比与优化,合理编排施工工序及安排劳动力组织
4	4D 施工模拟	土建施工动态模拟（BIM 5D）	给三维模型添加进度信息和造价信息,对工程主体结构施工进行 4D 施工模拟,虚拟建造
		关键工艺展示（Navisworks）	制作部分复杂墙板/卫生间/施工工艺展示动画,用于指导施工
5	施工项目管理 BIM 技术（场布、广联达 BIM 5D 平台）	施工人员管理	将施工过程中的人员管理信息集成到 BIM 模型中,通过模型的信息化集成来分配任务
		施工机具管理	包括机具管理和场地管理,具体内容包括群塔防碰撞模拟、脚手架设计等
		施工材料管理	包括物料跟踪、算量统计等,利用 BIM 模型自带的工程量统计功能实现算量统计

（续）

序号	项目名称	项目分层	项目内容/应用效果
5	施工项目管理BIM技术（场布、广联达BIM 5D平台）	施工工法管理	将施工自然环境及社会环境通过集成的方式保存在模型中，对模型的规则进行制定以实现对环境的管理
		施工环境管理	包括施工进度模拟、工法演示、方案比选，利用数值模拟技术和施工模拟技术实现施工工法的标准化应用
6	施工风险预控（BIM 5D平台）	施工成本预控	自动化工程量统计及变更修复，指导采购，快速实行多维度（时间、空间、WBS）成本分析
		施工进度预控	利用管理平台提高工程效率，实现施工进度模拟控制，校正施工进度安排
		施工质量预控	复杂钢筋混凝土节点施工指导，移动终端现场管理
		施工安全预控	施工动态检测、危险源识别
7	后期视频、动画	动画渲染（Lumion）	Fuzor/ Lumion出效果图与动画，720云全景制作，Ae、会声会影视频处理，可视化技术交底
		360全景制作（720云平台）	

五、总结

1. 创新点

1）湖南工学院图书馆项目BIM应用贯彻施工现场的技术、商务、现场管理三个方面，实现了施工管理的全覆盖。

2）斑马梦龙网络计划实现工期优化，工作搭接关系一目了然。

3）三维现场布置并进行周边环境仿真模拟，验证方案合理性。

4）利用BIM360全景、VR虚拟现实模拟，实现轻量化技术交底。

5）利用广联达BIM 5D平台，实现对影响进度计划的人、材、机等主要因素的分析。通过BIM 5D资源成本管理，有效实现项目的物资成本管理和商务成本管理，4D虚拟建造则可验证施工方案的合理性。

2. 经验

1）应严格按照模型交互规范建模，打通关系，整合应用。

2）应合理选择BIM实施方案，选取合适的BIM技术软件，减轻工作量。

3）应从实际工程需要出发，挖掘BIM技术价值，进行精细化管理。

4）BIM技术人员应加强沟通，协调各专业工作，减少深化设计难度。

此项目结构组同时获得优秀奖奖项。

作品视频

项目 8　Memorize——兵工容器的别样表述：新型图文信息中心设计——重庆大学（Revit 建筑组，三等奖）

参赛人员：朱瑞、刘涵、邱嘉玥、吴帆

指导教师：陈俊

一、项目理念

概念图如图 8-1 所示。

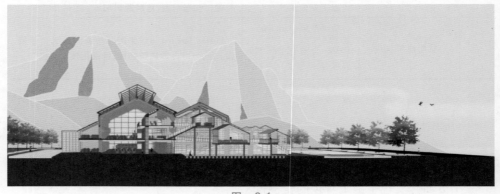

图　8-1

1. 设计说明

重庆作为国家重工业基地，其重工业规模一直与上海旗鼓相当，位于全国第一、第二的位置，总产值在全国位居第三。然而，在城市快速发展、经济发展模式逐渐向第三产业转变的今天，重庆老旧工厂的日益衰落与现代化城市的快速发展产生了激烈的矛盾，曾经辉煌的工厂日益衰落，因工厂而建立起来的社区也逐渐消亡。

那么，如何重新利用现有老旧厂房，激活老旧厂房的周边社区，使其符合现代化发展是城市现代化发展的重要问题。

团队运用"新"与"旧"的思路对重庆老望江厂进行改造设计，通过"保留旧工厂原始结构、材料、基本空间，调整工厂大空间，规划功能，连接交通"的方法将旧兵工厂改造为"新型图文信息中心"，希望能使旧工厂重新发挥作用，激活周边社区，实现旧工厂的"回忆到回归"，如图 8-2 和图 8-3 所示。

2. 参赛院校

本团队是一只来自重庆大学建筑城规学院的参赛队伍。在全球 BIM 化的今天，作为一名建筑学子，非常有必要学习 BIM 技术。学院有专门开设的软件技术课程，虽然有相关的 BIM 技术学习，然而还是存在学习时间短、难度大等问题。通过参加此次比赛，不仅自身的 Revit 技术得到了很大的提升，更重要的

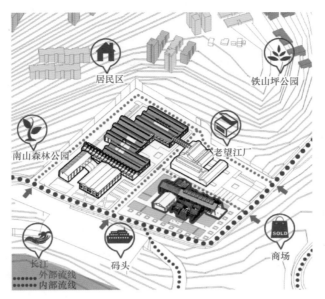

图　8-2

图　8-3

是学会了一种思维、一种方法，受益良多的同时也成长了很多。

3. 参赛人员介绍

姓名：朱瑞

所在地：四川宜宾

比赛感悟：在全球 BIM 化的今天，作为一名建筑学子，有需要也有必要学习 BIM 技术。通过本次比赛获得了极大的提升。

姓名：邱嘉玥

所在地：四川宜宾

比赛感悟：Revit 在未来的建筑行业中会有更加重要的地位。对软件背后的逻辑及原理的学习让人看到更多的可能性。

姓名：刘涵

所在地：重庆

比赛感悟：此次比赛接触到建筑设计的一种新思路和新方法，在实际操作的基础上对 Revit 有了更深的了解。

姓名：吴帆

所在地：重庆

比赛感悟：Revit 不仅是一种软件，更是一种思维、一种方法。

二、方案介绍

整体设计方案如图 8-4 和图 8-5 所示。

图 8-4

图 8-5

1. 主要矛盾

重庆作为国家重工业基地，其重工业规模一直位于全国第一、第二的位置，如图 8-6 所示。然而，在城市快速发展、经济发展模式逐渐向第三产业转变的今天，老旧的工厂被人遗忘。偏远的地理位置、落后的信息通道、低下的生活水平、缺乏的公共空间成为了厂区的重要问题，如图 8-7 所示。

图　8-6

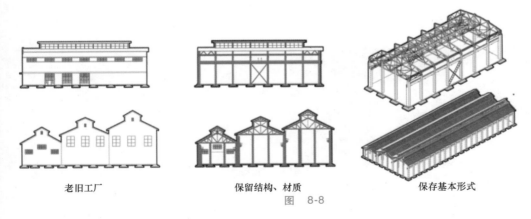

重庆作为重工业城市　　　　城市发展，经济产业转变，　　　如何处理现代化城市与
建造大量厂房　　　　　　　老旧工厂被人遗忘　　　　　　老旧工厂——回忆与重生

图　8-7

2. 概念提出

将厂区规划分为"过去"与"未来"两部分。

过去：保留工业展览馆的基本结构、材料及基础形式，如图 8-8 所示。

老旧工厂　　　　　　　保留结构、材质　　　　　　保存基本形式

图　8-8

未来：将老旧工厂进行空间整合，创造空间，更新围护结构，重新以"新型图文信息中心"进行表达，如图 8-9 所示。

3. 场地现状

场地现状如图 8-10 所示。

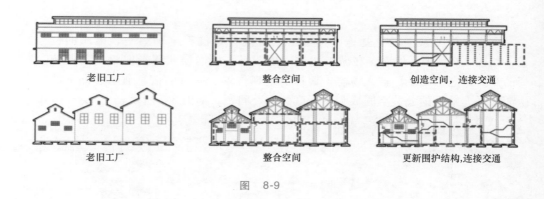

老旧工厂	整合空间	创造空间，连接交通

老旧工厂	整合空间	更新围护结构，连接交通

图　8-9

车行畅通，但停车混乱，体量呆板　　厂房间缺乏联系，关系混乱

面水背山，南侧厂房景观和日照良好　　L型厂房和东侧厂房的关系模糊

图　8-10

4. 改造策略

改造策略如图 8-11~图 8-13 所示。

梳理交通，根据建筑出入口削减体量　赋予厂房功能，并以文化墙串联厂房

选择南侧L型厂房，调整景观向及入口　利用水与广场建立联系，呼应主题

图　8-11

远离主城CBD，自然环境优美

以老厂形成的社区日益衰落

交通发达，缺乏规划

厂区内部主要流线

图 8-12

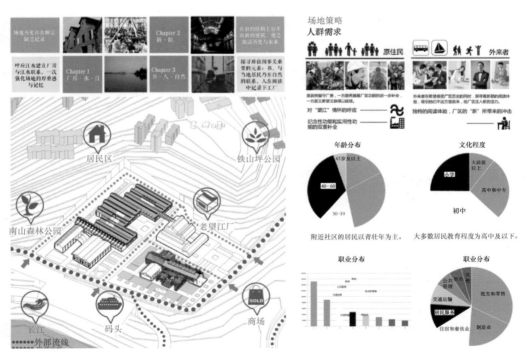

图 8-13

5. 方案说明

方案说明如图 8-14~图 8-16 所示。

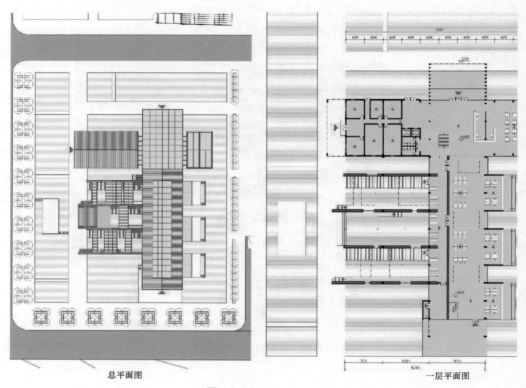

总平面图　　　　　　　　　　　　一层平面图

图　8-14

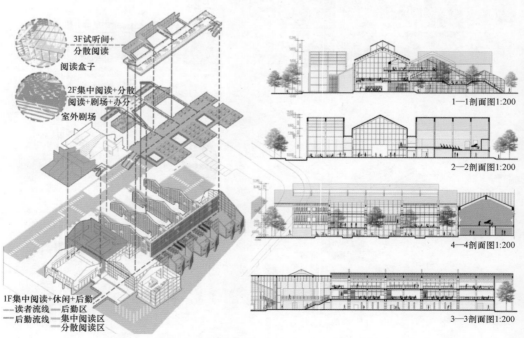

图　8-15

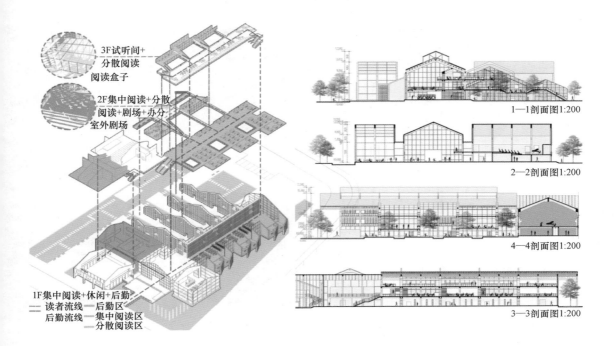

图　8-16

6. 精细化设计

精细化设计如图 8-17 和图 8-18 所示。

图　8-17

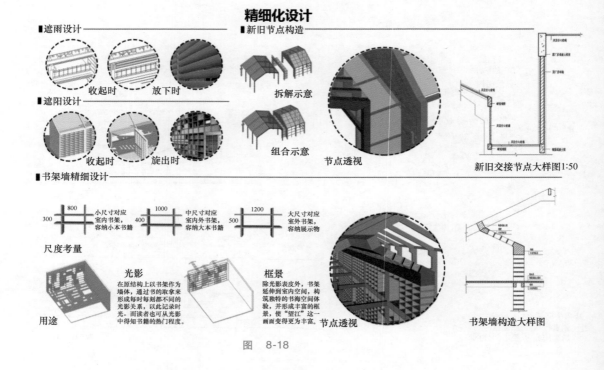

图 8-18

三、Revit 技能应用及心得体会

1. Revit 建模优势总结

Revit 建模虽然与平时的建模理念及习惯等大相径庭，但是正是因为这样的建模理念，使得本团队在建模过程中也感受到了它独特的优势。

1）强大的联动功能。这是建模过程中体会最深的一点，平、立、剖面，三维模型等全部相互关联，修改一处，其他地方自动关联修改。Revit 的联动性不仅是建筑设计方案上的联动性，更是建筑各个专业的枢纽。

2）建模精度高。Revit 的每一个构件都是一个参数模型，在绘制图纸时需要对每一个构件键入参数，可以说每一个构件都是经过设计推敲的，因此建模的精确度非常高。

3）建模可靠性高。因为 Revit 本身就是通过平面、立面绘制而自动生成三维模型，因此三维模型和平立剖面图完全对应，而不像用 SketchUp 建立的模型和 CAD 绘制的平立面图可能有很多地方无法对应，或者一些细节的地方无法交接。

4）三维模型价值。使用 BIM 技术可以使规划、设计（初步设计、技术设计、施工图）、竞标、建造、经营、管理各个环节信息连贯一致，包括设计与几何图形、成本、进度信息等。该方法以 Revit 中的参数化三维模型为核心，原理是尽可能将建设工程过程中的修改提前到项目前期（施工以前），同时使建设全过程（方案、设计、建造、营运）的信息保持一致，如图 8-19 所示。

图　8-19

2. Revit 建模难点总结

1）建模理念不同。SketchUp 和 CAD 建模的基础都是点、线、面的组合；Revit 建模则是从实际的建筑元素出发，即 Revit 所称的"族"，每一个"族"都包含它的参数及其所代表的意义。这就对建筑学科专业知识提出了更高的要求。

2）建模思路不同。SketchUp 建模几乎只在三维环境中操作，通过一些简单的操作来做出想要的体量；而 Revit 建模则是直接在二维环境中通过平面、立面、剖面的绘制生成三维信息模型，这对空间想象能力以及三维与二维图形的转换能力提出了更高的要求。

3）建模习惯不同。SketchUp 的建模是直接通过体量的推拉、旋转来进行，操作虽然简单但精确度极低；而 Revit 则是通过直接绘制建筑构件并修改其相关参数来达到建模目的，操作稍微复杂但精确度更高，这就对自身对方案的了解程度以及合理程度提出了更高要求。

四、建筑设计与结构建模流程

建筑设计与结构建模流程如图 8-20 所示。

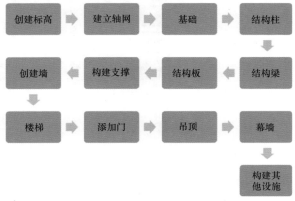

图　8-20

1．建立标高与轴网

在创建模型初期，确定标高和轴网位置，以快速准确地对模型进行定位，如图 8-21 所示。

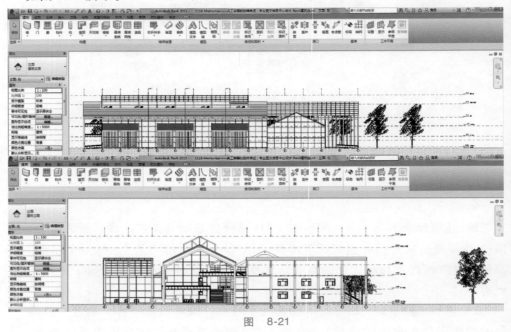

图　8-21

2．建立结构柱和梁——在平面视图绘制

在该工厂改造模型中，需要创建的柱包括多榀刚性混凝土框架（改造中需外包钢）和普通混凝土柱；梁结构包括原有的吊车梁和新建的钢梁，如图 8-22 所示。

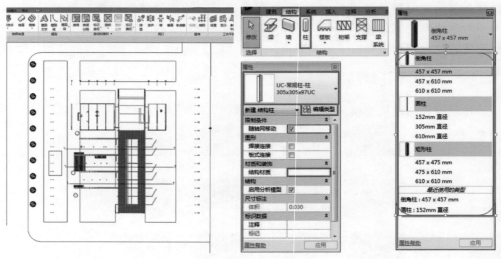

图　8-22

3．绘制楼板

楼板是横向承重构件，并在垂直方向分隔，并把人和家具等竖向荷载及楼

板自重通过墙体、梁或柱传给基础，如图 8-23 所示。

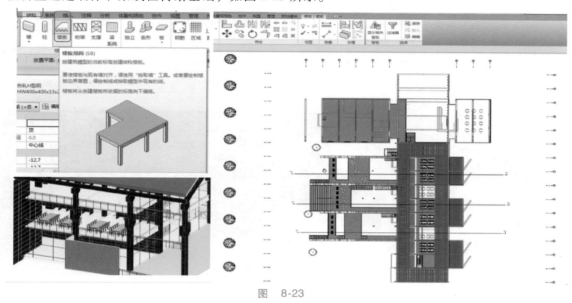

图　8-23

4. 建立自定义墙体

本方案中有较多异形墙体，还有由书架构成的墙体。本团队学习了如何建立自定义墙体和设置墙体高度、位置等，了解了如何绘制外墙和内墙。建立自定义墙体过程如图 8-24 所示。

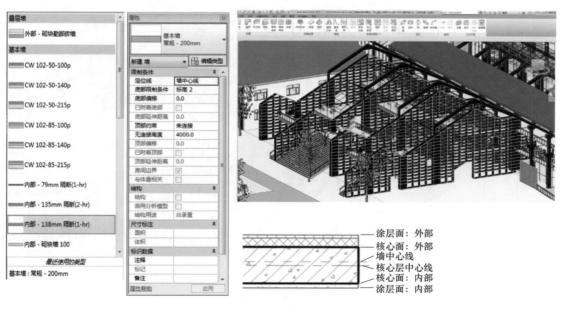

图　8-24

5. 门窗和洞口

门窗和洞口绘制过程如图 8-25 所示。

1—1剖面图1:200   2—2剖面图1:200

图 8-25

6. 屋顶及玻璃幕墙

本方案的屋顶为传统坡屋顶结构，由屋面板、檩条和椽条构成；还有部分屋顶为现代玻璃坡屋面，如图 8-26 所示。

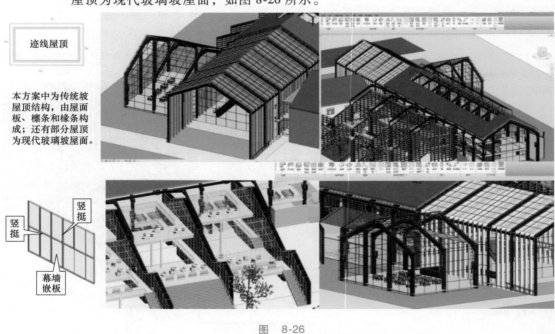

迹线屋顶

本方案中为传统坡屋顶结构，由屋面板、檩条和椽条构成；还有部分屋顶为现代玻璃坡屋面。

竖挺
竖挺
幕墙嵌板

图 8-26

五、Revit 技术与 Ecotect 技术的合作运用

合作运用如图 8-27 和图 8-28 所示。

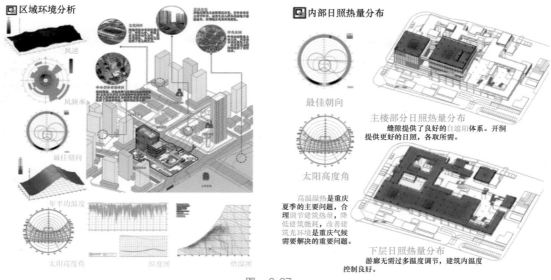

图 8-27

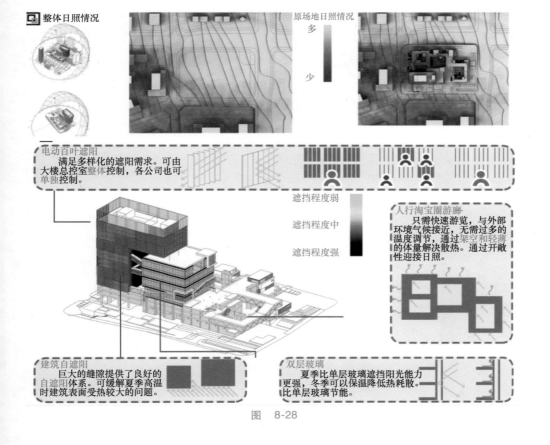

图 8-28

六、总结

通过对 Revit 建模的学习，本团队感触最深的就是"只有想不到，没有做不到"。Revit 提供的不仅仅是一种更完善的设计工具，更是一种更加先进的建模理念和更加严谨的建模态度。

作品视频

项目 9 南华大学新校区第一综合教学楼——南华大学（Revit 建筑组，三等奖）

参赛人员：刘怡志，徐明龙、程凯、李若尘
指导教师：甘元初、方耀楚

一、工程概况

1. 项目简介

南华大学新校区选址于湖南省衡阳市雨母山，占地 1200 亩，以 40000 名学生的规模从用地、管网、交通、生态等方面进行远景规划，整体设计突出"校园+片区、围墙内+围墙外"的理念，全力打造"生态大学城"。新校区总规划图如图 9-1 所示。

南华大学新校区第一综合楼工程建设项目，如图 9-2 所示。该楼位于新校区中心位置，北面紧邻校园道路和中心湖面，南面为校园主入口广场，东面与拟建教学楼相邻，西侧是校区道路和自然山体，处于前广场和后湖面的交接点，空间位置比较重要。该项目总建筑面积达 32148m²，建筑层数为 6 层，建筑高度达 28.5m，项目建成后将成为南华大学可容纳人数最多、设备设施最齐全的综合教学楼之一。

图 9-1   图 9-2

2. 工程特点和难点

本项目的建筑主体设计结合现有地形，利用南北高差自然形成架空层，布置服务和设备用房，达到借助地形进行整体设计以尽量减少对原地形整改的目的。建筑主体与周围地形的起伏变化的特点难以通过常规图纸进行表现。

另外，该项目是建筑工程等级为一级的高层民用建筑，工程体量较大，在设计上有大面积的幕墙及连窗，建筑立面造型变化较多，许多复杂节点和构件难以通过二维图纸来完整地正确表现和准确地指导现场施工。

二、BIM 组织与应用环境

1. BIM 应用目标

本项目的 BIM 技术应用主要为施工阶段的应用。通过 BIM 技术的应用来实现三维展示、施工指导、设计深化、工程计量、进度监督和成本控制等目标，力求通过施工阶段 BIM 技术的应用来解决现有施工阶段存在的材料浪费、工程质量无法保证、设计中存在施工盲点等问题，从而保障能够高质量、高效、文明施工。

2. 实施方案

在项目工程 BIM 技术团队建立后，先根据项目特点与实际情况拟定出 BIM 实施方案。方案内容包括：团队分工细则、建模细则、模型检查制度、设计盲点排查、设计深化、施工指导等。根据实施方案做到模型准确、数据精确、文件分类合理、反馈及时、设计优化、施工科学、管理得当，并且根据 BIM 应用目标从以下六个应用方向实施，如图 9-3 所示。

图 9-3

3. 建模制度

参考相关企业的 BIM 建模规范与 BIM 建模经验，根据工程项目的实际特点进行制定。

1）建模流程。BIM 模型按照项目信息与轴网创建、地形绘制与族库创建、图纸处理与分层导入、中心文件管理分工绘制模型、构建碰撞检查与修改、深化设计与应用出图的顺序进行建模与导出应用。

2）主体模型建模细则。主体模型建模过程对构件的命名、属性、材质等进行统一规定，每层按照柱、梁、板、墙及其他构件的顺序进行建模。但在各构件绘制时需注意构件连接处的剪切关系，为后期模型的修改与应用提供方便。

3）参数化族。根据工程设计图纸及施工方案创建了建筑、结构、施工构件等 50 多种参数化族，并设立族库存储工程中所用到的族文件，以方便本次项目及后期工程可重复导入应用。本工程中参数族分类统计表与部分参数化族模型见表 9-1 与图 9-4。

表 9-1　参数化族构件分类统计表（除机电专业）

类别名称（专业）	创建参数族的构件	数量/个
建筑	门、窗、栏杆、卫生间、建筑小品等	23
结构	异形梁、钢构件等	5
施工构件	脚手架、安全围栏、塔吊等	19
其他	桌椅、警示牌等	10
总计		57

4. 软硬件环境

本项目工程体量较大，涉及应用软件较多，对计算机配置要求较高，因此团队配置多台高配置的台式机进行协调工作。本工程 BIM 技术应用涉及使用的软件见表9-2。

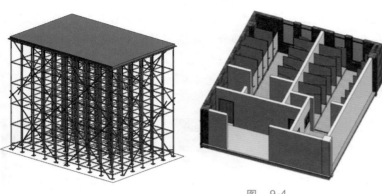

图　9-4

表 9-2　本工程 BIM 技术应用涉及使用的软件

软 件 类 型	软 件 名 称
建模软件	AutoCAD
	Autodesk Revit
模型及图像处理软件	Lumion
	Fuzor
	Navisworks
	SketchUp
	Adobe Photoshop
工程算量软件	广联达土建算量软件
	广联达钢筋算量软件
施工进度成本控制软件	广联达 BIM 5D
模型计算分析软件	Autodesk Ecotect Analysis
	Autodesk Robot Structural Analysis
	ABAQUS
其他软件	Word、Excel、PDF 等

三、项目 BIM 应用

1. 基于 BIM 模型的三维展示

BIM 模型具有可视化的特点，因此基于 BIM 所建的模型，可以从两个层次进行三维展示。首先是基于 Revit 软件对模型的复杂节点、建筑外形、部分构件楼层布置等的三维设计进行展示（图9-5），主要突显 BIM 三维设计相比于传统二维设计的优势。其次，是基于 BIM 模型进行二次应用的效果展示，包括模型材质渲染、环境布置、室内空间布置等，使模型达到仿真效果的程度，实现仿真漫游与效果图展示，如图 9-6 所示。

2. 设计深化

设计深化的目的是依据三维模型对二维图纸设计进行盲点审查，排查图纸设计问题，降低设计变更次数，根据施工实际情况及时调整优化设计。利用模型构件碰撞检查，排查出设计中存在的碰撞问题。如图 9-7 所示，发现有二十几处碰撞，多为墙体开洞位置与结构梁产生碰撞，与设计人员协商后，根据梁底标高调整墙体开洞的位置与尺寸。

另外通过设置空间净高高度搜索范围进行模型净高检查，如图9-8所示。排查设计中可能存在不符合规范的净高部分，从而保证设计准确，施工顺畅。

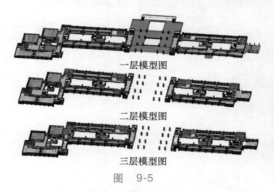

一层模型图

二层模型图

三层模型图

图 9-5

图 9-6

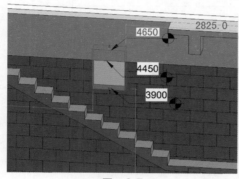

图 9-7

图 9-8

3. 施工指导

本项目基于 Revit 模型进行施工方案模拟，检查施工方案的可行性，及时排查和解决方案中存在的问题。在模型中进行预留洞口定位，减少结构二次开洞，另外借助广联达相关软件进行墙体排砖与尺寸统计，做到精确排砖，提高墙体砌筑效率与水平，减少施工中砌块的浪费。例如对尺寸为 2250（长）×2400（高）的 1 号砌体墙进行排砖，其排砖示意图如图 9-9 所示，砖块统计见表 9-3。

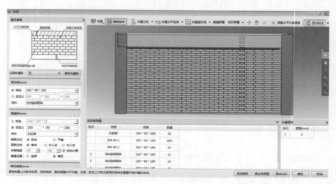

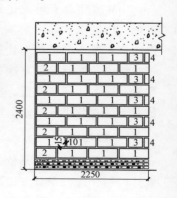

图 9-9

表9-3　砖块统计

标识	材质	规格型号（长×宽×高）	数量/块
1	蒸压砂加气混凝土砌块	600×200×200	30
2	蒸压砂加气混凝土砌块	410×200×200	5
3	蒸压砂加气混凝土砌块	300×200×200	5
4	蒸压砂加气混凝土砌块	300×100×200	5
5	灰砂砖	200×95×45	58
6	灰砂砖	135×95×45	6
7	灰砂砖	90×95×45	2

4. 工程计量

通过 Revit 自身模型体量统计以及广联达相关算量软件，对项目工程的土方量、钢筋量等工程量进行统计与计算，为工程下料与采购提供相对可靠的工程量依据，从而可以有效地控制与监控工程量。

5. 进度控制与成本控制

利用 Navisworks 和广联达 BIM 5D 进行施工进度模拟与记录。根据施工计划对模型进行施工进度模拟，并记录实际施工进度情况，及时分析与了解实际与计划施工之间的差异，实时把控施工进度。

将之前算量软件保存的计算文件和算量清单定额分别链接到广联达 BIM 5D中，与模型进行绑定，保证各施工阶段工程量与工程预算均能实时查看，同时根据实际工程进行数据对比与监控，从而实现对项目的成本控制。

四、BIM 创新应用

1. BIM 与科研

BIM 建模软件具有可视化、数字化、信息化等特点，在模型绘制过程中有成熟的操作平台，但相对在模型分析部分相对比较薄弱。因此借助 BIM 模型通过接口导入 ABAQUS、Autodesk Ecotect Analysis 等分析软件中进行模型数据分析，以达到科学设计、优化设计的目标。同时，将 BIM 建模软件与分析软件相结合，极大地提高了科学研究的效率，如图9-10所示。

2. BIM 与数字校园

BIM 模型具有可视化、数字化、信息化等特点，因此计划以 BIM 模型为基础建立校园数字三维地图，将相关信息赋予 BIM 模型中，实现三维地图展示与建筑信息展示的结合。目前，常见的三维地图可以通过卫星拍摄实现三维展示，但对建筑近距离的展示则多为图片拍摄的整合，对建筑内部展示以及建筑信息的展示更是缺少。因此，以 BIM 技术为基础，加以遥感等技术，建立数字校园，通过电子地图实现对校园总规划、建筑布局、建筑外部与内部、建筑工程信息与使用信息介绍等的综合展示，这样师生和游客可以更全面地了解，更方便地查找相关的校园信息。

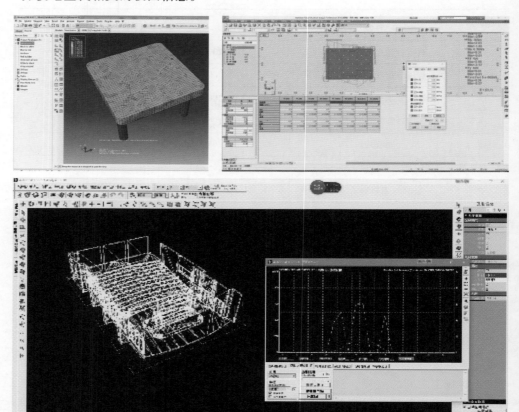

图 9-10

五、总结与展望

通过本工程项目的 BIM 技术的应用，提高了项目施工的效率和质量，减少了设计变更次数，保障了施工的进度，同时通过 BIM 技术模拟施工与指导，保障了施工的安全，也减少了建筑材料的浪费，有效地控制施工成本。

从应用结果上来看，BIM 技术为行业提供了多方面的便捷，在一定程度上解决了以往行业中设计、施工等方面所存在的问题，体现了 BIM 技术的应用价值。但目前的 BIM 技术还处于探索阶段，有很多问题还需要解决，例如 BIM 软件之间的模型数据接口、构件信息识别、BIM 技术相关规范等。但随着 BIM 技术的逐渐发展，BIM 技术的应用将会有更广阔的发展空间。

作品视频

项目 10　华钢幼儿园——广州岭南职业技术学院
（Revit 建筑组，三等奖）

参赛人员：张国斌（组长）、陈宏金、林少颖、朱俊楠
指导教师：唐亚球

一、项目简介

1. 团队介绍

广东岭南职业技术学院是一所全日制民办普通高等院校，在校期间由张俊杰老师带领本团队团队四人共同完成本次的参赛作品。在团队合作中，本团队逐渐培养出了彼此的默契，整个过程一直互相鼓励，互相信任，保证了每个阶段的顺利完成。

2. 项目背景

项目来自于本团队实习的广州市地标项目——由华发集团开发的大型商住小区在建项目。

3. 参赛项目

本团队参赛的模型是建筑群中建筑体型较复杂、智能化管理程度较高的建筑物——幼儿园。

二、BIM 的应用

本团队用 BIM 技术解决了幼儿园工程量清单的计算，通过 BIM 技术，不仅完成了需要 15 个专业工程师才能完成的计算任务，而且为项目参与各方提供了精确的工程数据。不仅如此，为幼儿园后期的维护和管理提供了方便的模型等。团队成员如图 10-1 所示。

图　10-1

1. 建筑

1) 将平面图纸转换成 3D 模型，3D 模型更加直观，比二维平面图可视化程度更高。

2) 在建模过程中可以检查图纸中的设计不合理之处或者设计缺陷。利用 BIM 建模，可以对图纸进行优化，进一步改善设计。

2. 结构

把二维图形转换成三维立体图形，能观察结构空间形式、布置合理性，自身属性，实现构件参数化，如图 10-2 所示。

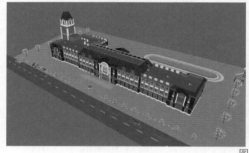

图 10-2

3. 机电

提前处理了在施工过程中管线与管线、管线与结构之间的碰撞问题，对机电问题进行协调，生成协调数据，如图 10-3 所示。

图 10-3

三、参赛模型

Revit 建筑模型如图 10-4 所示。

图　10-4

Revit 结构模型如图 10-5 所示。

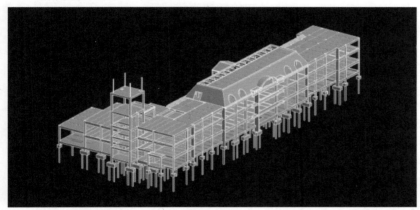

图　10-5

Revit 机电模型如图 10-6 所示。

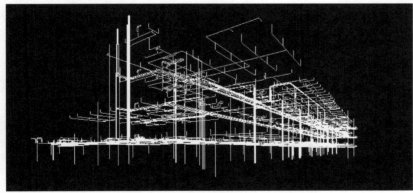

图　10-6

作品视频

项目 11 佳木斯万达广场设计——黑龙江东方学院（Revit 建筑组，三等奖）

参赛人员：武云飞、杨杰、邱子航
指导教师：张剑锋、赵运铎

一、项目概况

1. 项目介绍

当前中国正处于社会转型期，房地产业的巨大发展彻底改变着城市的面貌。在经历了住宅房地产发展最初的狂飙突进之后，城市综合体因其完善的功能和良好的市场价值在国内越来越受到重视。

佳木斯万达商业综合体建筑位于黑龙江省佳木斯市向阳区光复路与万新街交汇处，分为佳木斯万达商业中心和万达广场 A 公寓。佳木斯万达商业中心总建筑面积为 87808m²，本工程地上共四层，建筑总高度为 26.10m，商业中心功能由室内步行街（三层）、百货楼（四层）、娱乐楼（四层）几部分组成。万达广场 A 公寓总建筑面积为 26365.42m²（含一至三层商业综合体中的公寓大堂及梯井），本工程地上 22 层，建筑总高度为 79.60m，地上一层为公寓门厅，二、三层为商业，地上四至二十二层为公寓，如图 11-1 所示。

图 11-1

2. 工程特点和难点

1）每一个专业的设计实际上都离不开相关专业的协调，因此一个完整的建筑设计需要大量的由内而外的信息交互。在这个过程当中，传统设计流程往往是应用二维的图纸反复解决问题，这样会存在不必要的时间上的浪费和一些重要问题的疏忽。

2）在本项目中利用 BIM 的参数化建模，如何保证建筑的整体性以及构件信息的完善。

3）如何精确统计项目中各类的信息。

二、BIM 应用目标与环境

1. BIM 应用目标（图 11-2）

1）建立本项目的建筑样板并完善项目中涉及的项目族文件。

2）建立 BIM 建筑的整体模型，并为后期结构与机电专业的介入创造条件。

3）深化建筑模型，对建筑室内进行精细化处理。

4）达到施工图出图深度，利用 BIM 对建筑进行全方位的展示。

5）进行视频展示处理，对模型进行加工以及场地景观的布置。

成果目标	成果说明
BIM模型	根据设计图纸，以建筑工程的各项相关信息数据作为模型的基础，完成项目的建筑、场地等建模，通过数字信息防真模拟建筑物所具有的真实信息
实时漫游模拟	对既成模型的外观及内部构造进行全方位的自由漫游模拟体验，实体感受建筑物建成后的外观感受及内部空间设计的合理性、舒适性
辅助照明设计	还原现场灯光照明(包括灯具及安置点、照射角度等)，进行夜间漫游处理
模型精细化设计	将最新BIM研究成果应用于项目，研究BIM实施应用空间场景的布置的需求及效果

图　11-2

2. 团队组织环境

在传统设计团队的基础上新增了数个岗位，以满足 BIM 三维设计及协调工作的开展。

1）BIM 技术负责人：主要负责 BIM 技术的组织与协调。

2）建筑专业负责人：主要负责模型的创建以及部分图纸输出。

3）漫游以及模型细化负责人：主要负责漫游以及精细化处理。

3. 软硬件环境

本项目采用了多软件协同配合，除常规的 Autodesk 系列软件外，还加入了多款国内本地化软件。

1）建模平台：Revit 2016、Architecture 2014、AutoCAD 2014、SketchUp。

2）模型检查：Navisworks 2014、Lumion5.0。

3）发布平台：Fuzor2016、PS、会声会影、office 办公软件。

三、BIM 应用

1. BIM 建模

1）在项目的初始阶段，建立项目相应的族库以及建筑需要的构件，如图 11-3 和图 11-4 所示。

2）建立完整的建筑以及场地景观模型，如图 11-5 所示。

图　11-3

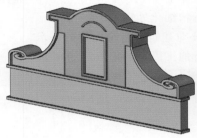
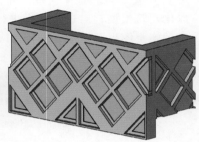

图　11-4

建筑模型

场地模型

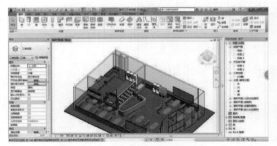

餐厅模型

影院模型

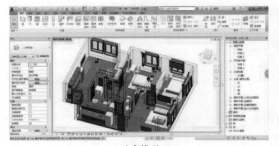

公寓模型

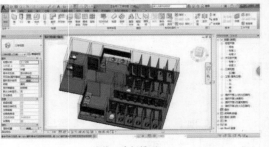

公共卫生间模型

图　11-5

3）进行建筑模型检查以及建筑精细化处理，如图 11-6 和图 11-7 所示。

图　11-6

图　11-7

2. BIM 应用点研究

1）以 BIM 应用为基础，总结 BIM 实施经验，建立 BIM 实施标准（协同沟通流程、BIM 实施流程、BIM 建模标准、明细表共享参数、参数化设计、信息交互格式、构建名称格式、可交付成果），如图 11-8 所示。

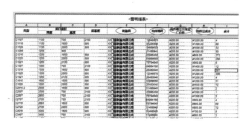

明细表共享参数添加

协同沟通流程

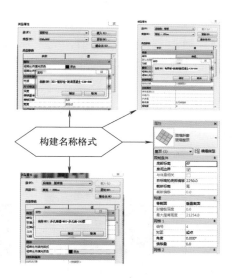

图　11-8

2）采用 BIM 软件构建专业信息模型的同时，进一步采用 BIM 其他软件（Lumion、Fuzor、Navisworks 等）的应用，对模型进行项目仿真模拟、室内布局效果、构件管理等。

四、BIM 应用效果

建筑专业由于 BIM 出图效率较高，大量的平面图、立面图、剖面图皆可通过 BIM 平台完成，模型和图纸调整同步，减少了大量的绘图工作，提高了设计效率。传统设计流程当中，往往是以二维图纸作为不同专业之间的联系纽带，将想要设计出来的三维建筑转换为二维图纸，再交给结构等专业，其他专业需要再将二维图纸转化为三维图纸进行设计。如有变故，则在上述流程当中反复修改与协调。这样，在信息交互和图纸转化的过程当中，不可避免地存在一些纰漏和错误，同时也花费了大量的时间和不必要的工作量。无论是在设计中还是流程过程变更上，造成了时间上的浪费。

当本团队运用 BIM 技术来突破传统设计流程时，各个专业的设计人员可以同时开展设计和修改工作，与传统二维图纸工作方式相比，这种协同会节约大量时间。在协同设计的同时，每个人都加深了 BIM 理念的认识，拓展专业领域。不同专业知识的交叉提高了团队的综合能力与向心力。

五、总结

1. 创新点

1）本项目采用 Revit 2016 对万达商业中心进行建模，包括曲面采光玻璃、弧形体量网格分割、过滤器的使用、明细表的统计管理、参数化设计，如图11-9 所示。

2）本项目采用不同的 BIM 软件对模型进行处理，不依赖于某一软件，以提高项目数据共享与交换的效率。

3）通过整理项目模型，统一项目信息，建立工程项目信息管理，做到"三维进三维出"。

2. 经验教训

1）自身的专业性。随着 BIM 技术不断的发展和大数据时代的来临，各个专业协调与整合并不完善，本团队也会在此基础上不断深入地去探索、完善并提高自身各专业的精细化设计。

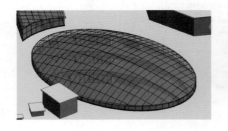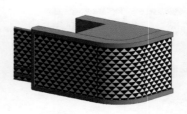

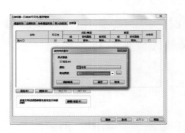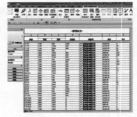

图　11-9

2）精细化处理。通过本项目的实施，本团队积累了类似项目的项目经验，对于商业中心设计阶段的应用，找到了应用点和解决方案路线，并总结了 BIM 在各个阶段的实施步骤和深度需求。

作品视频

项目 12　学院实训楼 BIM 成果展示——广西建设职业技术学院（Revit 结构组，三等奖）

参赛人员：欧家雯、李思卫、黄坤沅、温宇

指导教师：谢华、莫自庆、冯瑛琪、赵培莉

一、项目介绍

1. 项目简介

广西建设职业技术学院实训楼坐落于南宁市西乡塘区罗文大道的东侧、相思湖北路的南侧，实训楼分为 A、B、C 区及地下室。规划用地面积 $333334.8m^2$，规划总净用地面积 $280659.9m^2$，结构的设计使用年限为 50 年，建筑结构的安全等级为二级，现已投入使用。

参赛项目总共分为 A、B、C 三个区域：A 区由裙楼、塔楼及地下室三部分组成，地下一层、地上二十层，均为框架剪力墙结构。B 区为框架结构，地上两层，一层为展示大厅，二层多为美术教室。C 区为框架结构，地上四层，一层为架空层；二、三层为阶梯教室，用于教学上课；四层为行政办公室，如图 12-1 所示。

图　12-1

2. 项目采用的软件

Revit2016（结构建模）、Naviswoks 2016（碰撞检查）Lumion 6.0（场景渲染）、Fuzor（漫游检查）。

3. 参赛人员介绍

欧家雯：14 级建筑工程管理专业，负责 A 区的结构。

李思卫：14 级建筑工程管理专业，负责 B、C 区的结构。

黄坤沅：14 级工程造价专业，负责钢筋建模。

温宇：15 级建筑工程管理专业，负责基础和楼梯。

二、结构模型

1. 结构建模

BIM 结构建模遵循标高 → 轴网 → 墙柱 → 梁板。建模的顺序一般按照施工的流程进行。通过 Revit 建立三维模型，提高模型准确性，发现图纸在设计上存在的错误。建立模型后信息中的对象是可识别和相互关联的，系统能够对模型的信息进行统计和分析。

2. 基本结构框架

参数化建模为 BIM 的重要部分，图 12-2 为整个项目的基本结构框架。模型框架的创建完成意味着后续工作能有序进行，如管线调动、结构与建筑协同检查等。

图　12-2

3. 模型展示

可利用 Revit 裁剪图进行部分模型的展示，随意查看项目的不同内容，方便项目信息的传递，如图 12-3 所示。

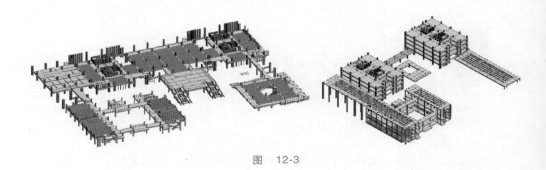

图　12-3

4. 钢筋建模

首先参考图集，然后进行构件定义与细分，最后面构件合成，如图 12-4 所示。

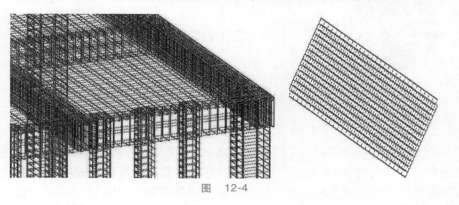

图　12-4

三、模型难点亮点

1）桩身：建族确定桩长和直径，如图 12-5 所示。

2）桩承台：建族确定桩顶标高，承台在族中可任意修改其参数，如图12-6 所示。

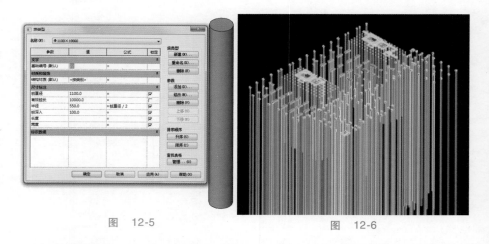

图　12-5　　　　　　　　　　　　图　12-6

3）地下室坡道：根据图纸创建楼板，通过添加点和修改子图元来创建弧度，如图 12-7 所示。

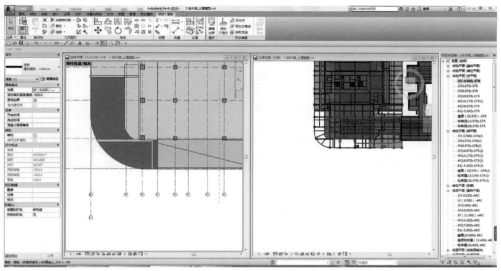

图 12-7

4）钢筋配筋展示如图 12-8 所示。

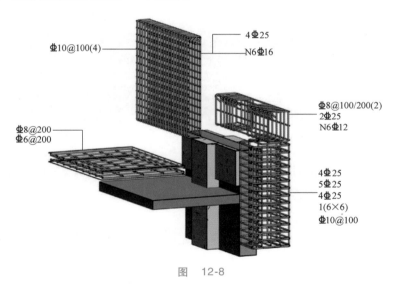

图 12-8

四、BIM 应用

1. BIM 对钢筋施工的影响与应用

大型设施类建筑例如剧院、影院等特殊建筑，钢筋纵横交叉，节点处经常产生叠合；同时钢筋间距过密，不但主筋操作复杂，而且连箍筋都绑扎困难；此外，钢筋的角度控制难度大，受力钢筋连接部位不易设置，因此造成返工率高，导致人力、物力出现浪费。

除了工人质量意识差、施工方法存在问题外，材料不合格也是导致钢筋整体合格率低的主要原因之一。因此，选择具有代表性的节点进行钢筋建模和钢筋信息统计，对钢筋节点角度进行控制，降低成本，减少返工率，如图 12-9 所示。

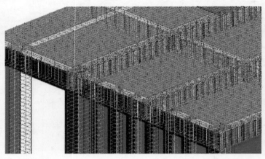

图　12-9

2. BIM 可视化交底

图 12-10 是地下室坡道钢筋三维图。通过应用 BIM 技术，既可以清楚地看到钢筋的摆放和复杂点绑扎的钢筋详图，还可以用于指导现场精准施工。

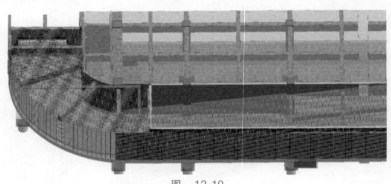

图　12-10

项目在施工前可通过 BIM 模型对施工人员进行清楚且有效的可视化交底，根据三维模型施工，大大提高了整体合格率。

3. BIM 碰撞检查

Fuzor 是 Revit 上的一个 VR 插件，可完美同步 Revit，在 Revit 里对模型做任何操作，都会立刻同步到 Fuzor 上。

综合该软件的优点，为了体现真实的效果，在 Fuzor 中放置人物随意走动，检查建筑物中的各个细节部分，发现不易察觉的设计缺陷或问题。同时对模型进行编辑，使 Revit 里相对项目中的材质库与族库对应，达到优化与检查同在，提高工作效率，如图 12-11 所示。

4. BIM 场景渲染

利用 Lumion 可视化渲

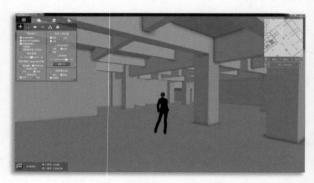

图　12-11

染软件，可以进行图形渲染，搭建三维后期场景，如图 12-12 所示。

图　12-12

五、总结收获

用 BIM 模型进行结构建模可以精确指导施工，简单高效。采用 BIM 平台工作，业主方、施工方、设计方和监理方可以进行更加有效、直接的沟通和协作，提高信息传递的准确性，减少建设期间的分歧。通过建立三维模型可以方便施工管理，从设计方面提供三维可视化的辅助指导，提高工程效率，减少材料浪费，强化工程质量。

但是，BIM 在结构上应用比较单一，钢筋算量方面并不够成熟，尚且不能高效地使用 BIM 技术算出钢筋价格。

作品视频

项目 13　基于 BIM 的火电厂机电应用——沈阳工程学院（Revit 机电组，三等奖）

参赛人员：王伟杰、郑星辰、吴佳齐、王祥安

指导教师：王建宇、崔洁

一、工程概况

1. 项目介绍

双辽发电有限公司地处吉林、辽宁、内蒙古三省交界处的双辽市，国电-吉林双辽电厂发电设备 1、2 号锅炉为哈尔滨锅炉厂生产的型号为 HG-1021/18.2-HM5 汽包炉，如图 13-1 所示。

图　13-1

2. BIM 应用概况

本项目 BIM 目标是建立火电厂全生命周期的信息库，实现各个阶段不同专业之间的信息集成和共享，并集成火电厂项目各种相关信息的工程数据模型，通过应用相关软件实现参数化实体造型，真实再现火电厂的空间分布、管线走向及位置。

基于 BIM 技术的火电厂机电应用是以 BIM 为基础，将实际施工过程中涉及的如人工、材料、物流、设备等信息以数字的形式引入到 BIM 软件中，并通过 BIM 软件中及相关软件来进行施工全过程预演及管理，使火电厂施工方能够更直观地发现并解决施工中存在的问题。

基于 BIM 技术的 4D 模拟施工全过程并不造成任何形式的自然资源的消耗，对建设火电厂和实现火电厂的绿色施工有很大帮助。将 Revit 软件和 Naviswork 软件相结合，模拟施工现场布置，有效地利用现有场地，合理规划、安排交通，缩短能源传递路径和运输路线，降低资源消耗。另外火电厂安装过程中高温、高压，精密设备多，自动化程度高，安装技术难度大，安装过程中需做好

各方协调工作，提高安全准确率，避免返工对材料的浪费也是绿色施工的关键。利用 Revit 软件可以准确测量出施工点预定位置间的距离，确保放线工作准确进行，如图 13-2 和图 13-3 所示。

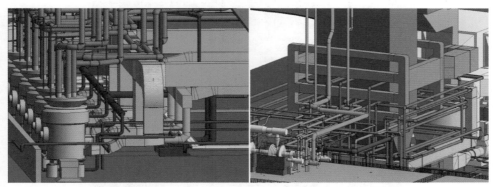

图　13-2　　　　　　　　　　　　　　　　　图　13-3

3. 软件使用介绍

建模和碰撞检查软件为 Revit，漫游动画展示软件为 Lumion。

二、BIM 应用技术重点

1. 3D 可视设计

3D 可视设计是有别于传统 AutoCAD 等二维设计方法的一种全新的设计方法，是一种可以使用各种工程参数来创建、驱动三维建筑模型，并可以利用三维建筑模型进行建筑性能等各种分析与模拟的设计方法。它是实现 BIM、提升项目设计质量和效率的重要技术保障。Revit Architecture、Revit Structure 和 Revit MEP 能够为建筑工程在设计阶段提供最大程度的支持，从概念设计到最详尽的建筑工程图和明细表，提供实时性的竞争优势、更出色的沟通协调能力和设计质量，并可提高建筑师和建筑团队的获利能力，如图 13-4 和图 13-5 所示。

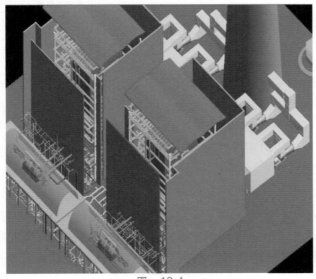

图　13-4

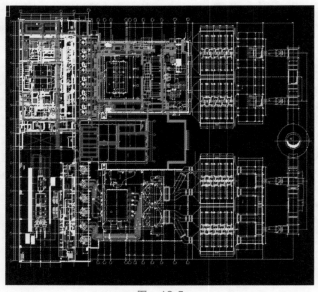

图 13-5

2. BIM 火电厂运维管理

对基于 BIM 技术的项目运维管理系统功能进行详细介绍，在该系统基础上提出运用 BIM 技术实现运维管理的战略，并对该系统支持性软件进行分析，提出五种该模式下的技术方案。研究发现，在运维管理过程中采用 BIM 技术，可以实现信息的共享和充分利用，还可以精确地掌握设施的实时运行状态，对于提高运维管理信息化水平、降低成本、提高效率、提升企业的竞争力等，具有深远的影响，如图 13-6 所示。

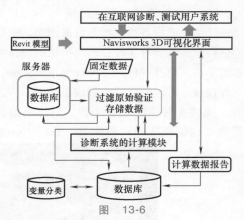

图 13-6

3. BIM 火电厂族的类型

基于 BIM 的火电厂施工工程量大、设备和管线复杂、项目参与单位多、精细化管理难度高等特点，对火电厂进行了实际尺寸测量，再进行 1：1 建模。项目中应用到的模型为自建模，都可以进行参数化编辑，使项目更加完整，更具有可观性。BIM 族系统应用到火电厂的设备管理中将会大幅提高项目的管理效率和管理水平，如图 13-7 所示。

4. BIM 技术火力发电厂施工项目的特点

1）厂房内有大量的设备、管线和阀门。在施工中需要进行大量的结构、设备、暖通等各专业之间的协调工作，各管线之间的碰撞几率很高。

2）火力发电厂的建造过程中，涉及专业很多，传统的二维平面图纸很难实现。

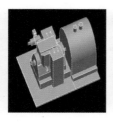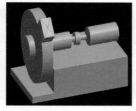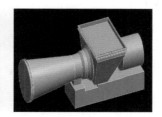

图   13-7

3）Revit 建立的 BIM 模型包含了精细的信息，可以直接生成工程所需的各类工程量统计表。BIM 模型对于工程变更的适应能力大，可以十分快捷地对火电厂的各种结构构件进行工程量统计分析，快速校核施工图纸中的工程质量信息，并与 4D BIM 模型结合，科学合理地安排人力、物力等资源的进场与采购，实现对工期和工程成本的实时监控，如图 13-8 所示。

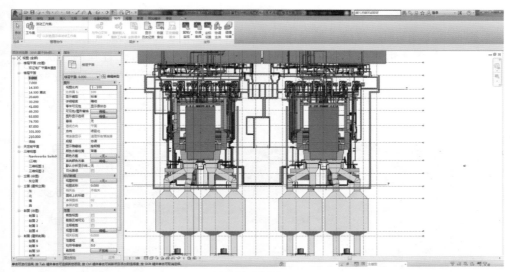

图   13-8

三、BIM 应用总结

项目通过 BIM 软件的应用，对施工难点进行交底；通过建立 BIM 信息模型进行图纸中复杂节点图纸交底，并对节点进行深化设计；直观地告诉工人如何进行施工，使交底变得容易，工人在施工过程中的出错率也大大降低。创建 BIM 数据库，能快速准确地计算工程量，提升施工预算的精度和效率，有效快速地提出材料计划，加强对材料的管理，减少浪费，增加收益。

作品视频

项目14　艮山东路项目BIM技术咨询服务——宁波工程学院（Revit机电组，三等奖）

参赛人员：何树吉、徐存杰、吴凝、黄铭
指导教师：程国强、周明

一、工程概况

1. 项目简介

本次BIM服务的范围为艮山路，该工程位于杭州市江干区，是天目山路-环城北路-艮山路快速路的组成部分之一。道路呈东西走向，西起三官塘路（桩号K2+800），东至红普路（桩号K3+800）。艮山路是天目山路-环城北路-艮山路快速路的重要组成部分，其交通地位十分重要。随着城市化进程的加快，杭州的城市用地建设不断向外扩张，尤其是城东、下沙等居住区不断开发完善，因此该项目至关重要。该项目内容包括道路、高架、管廊、过河桥及附属工程等，如图14-1所示。

图　14-1

2. 工程特点

空间多系统：由城市道路、高架和管廊组成，如图14-2所示。专业多类型：由道路交通、高架桥梁、综合管线和技术经济等专业组成。

3. 项目协同

传统的协同方式，采取的是各专业间互提资料的方式，既降低了工作的效率，且容易在协同过程中发生纰漏和错误。本工程采用服务器云端文件集全专业协同模式，在设计过程中，将道路、桥梁、管廊结构、管廊设备、景观各专业放置在同一设计文件中同时工作，避免了传统协作模式的弊端，大大提高了工作效率和设计的准确度，如图14-3所示。

图 14-2

举例说明，当设备需要在管廊结构件（例如墙体）上开洞时，设备专业可以在软件中直接向结构专业提出修改请求，由结构专业批准请求后方可进行编辑。这种协同方式极大地提高了工作效率和设计的准确性，如图14-4所示。

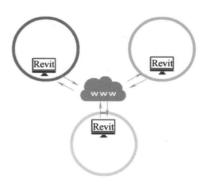

图 14-3

二、BIM 成果

1. 模型

模型包括：管廊、高架、地面桥、道路以及地形，如图14-5所示。

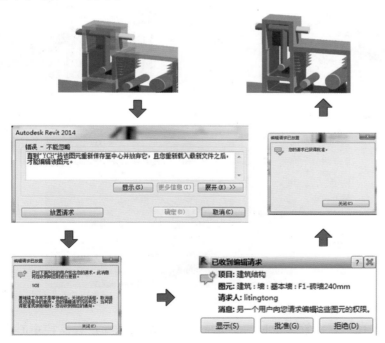

图 14-4

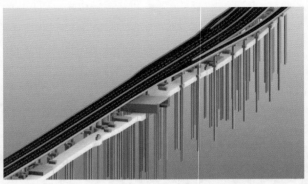

图　14-5

钢箱梁的精细化设计如图 14-6 所示。

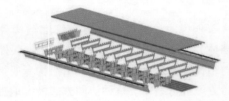

图　14-6

高架桥和五号港桥的参数化建模如图 14-7 所示。

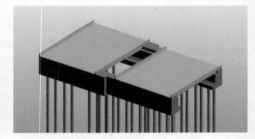

图　14-7

道路模型如图 14-8 所示。

图　14-8

　　艮山路地下综合管廊全长约 7860m。全段综合管廊设置监控中心一座。监控中心与艮山东路市政综合管廊系统连通，如图 14-9 所示。

图　14-9

管廊截面如图 14-10 所示。

燃气管、通信线缆、排水管和电力线缆总模型如图 14-11 所示。

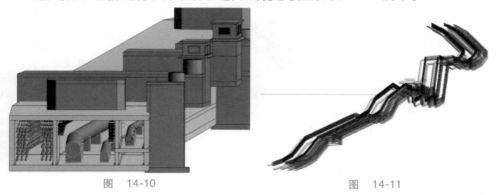

图　14-10　　　　　　　　　　图　14-11

2. 管廊分仓

奉山路综合管廊共分四仓：

1）电力仓：收纳 10kV、110kV、220kV 电缆。

2）水信仓：收纳通信线缆及给水管线。

3）雨水仓：利用结构本体储存超标雨水及高架落水。

4）天然气仓：收纳 0.4MPa 中压天然气管。天然气仓如图 14-12 所示。

图　14-12

三、BIM 应用点

1. 场地分析

使用 InfraWorks 软件对场地高程、地形和坡度进行分析，如图 14-13 所示。

图　14-13

2. 结构分析

对管廊截面进行结构分析。利用分析结果，理清桩端持力层、岩面等关键隐蔽节点，提前制订施工管控措施，如图 14-14 所示。

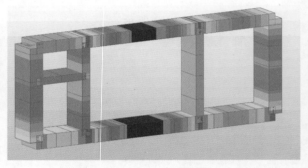

图　14-14

3. 族参数化设计

参数化设计可以大大提高模型的生成和修改的速度，在产品的系列设计、相似设计及专用 CAD 系统开发方面都具有较大的应用价值。把管廊的各种构件进行参数化建模，建立族库，如图 14-15 所示。

图　14-15

4. 协同性碰撞检查

Navisworks 为本团队提供了便捷的管线碰撞检测方式，还可以将各种重要的数字模型信息整合为单一的建筑信息模型。它能够实时提供整体项目视图，以支持高效三维协作、照片级可视化、动态仿真与精确分析。它将各类模型的可视化、精确的设计复用与强大的碰撞检测等工作在项目中无缝结合，确保所有项目相关人员在创建、查看与审阅三维模型时使用一致的数据，这在各种复杂的民用建筑和高层建筑施工图中的应用优势更加明显，可以大大降低参与项目人员的时间和精力，直接明了地反映出碰撞问题，并且快速修改，如图14-16所示。

图　14-16

5. 管廊结构配筋

钢筋混凝土结构配筋至关重要，运用 BIM 技术可使钢筋三维可视化，同时统计钢筋数量、直径、长度、体积、重量等信息，为模拟钢筋下料、安装、施工做好前期准备，如图 14-17 和图 14-18 所示。

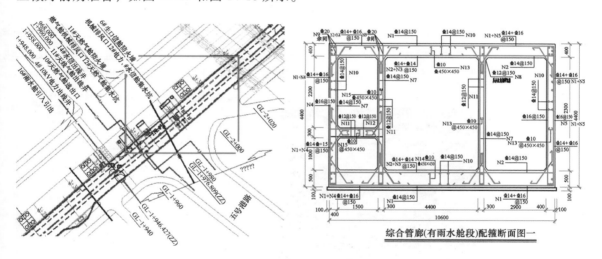

图　14-17

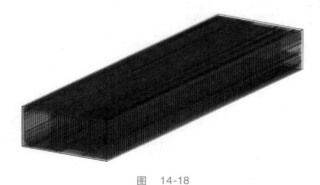

图　14-18

6. 管廊钢混结构配筋出图

二维结合三维配筋出图，有助于更好地理解钢筋的安装位置与构造，且图纸中钢筋信息与模型钢筋信息及属性相关联，能及时反应配筋变化，如图14-19所示。

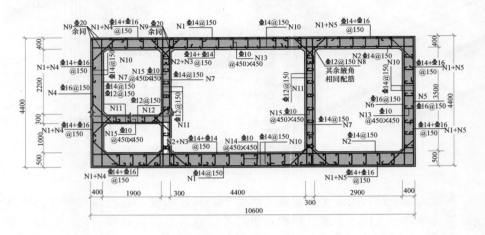

图 14-19

7. 管廊钢筋用量统计

通过管理共享参数，可获得管廊钢筋信息明细表，钢筋的数量、直径、长度、体积、重量等信息会自动生成，为钢筋算量提供依据，如图 14-20 和图 14-21 所示。

图 14-20

图 14-21

8. BIM 出图

BIM 并不是为了出大家日常多见的建筑设计院所出的建筑设计图纸及一些构件加工的图纸，而是通过对建筑物进行了可视化展示、协调、模拟、优化以后，可以帮助业主出如下图纸：

1）综合管线图（经过碰撞检查和设计修改，消除了相应的错误）。

2）综合结构留洞图（预埋套管图）。

3）碰撞检查侦错报告和改进方案。

结构构造出图包含二维出图及三维出图，较以往二维图纸，能更直观地反映结构构造及相对关系，有助于准确理解设计意图及施工，如图 14-22 和图 14-23 所示。

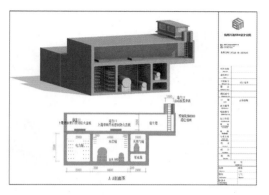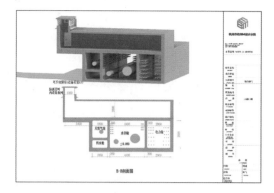

图　　14-22

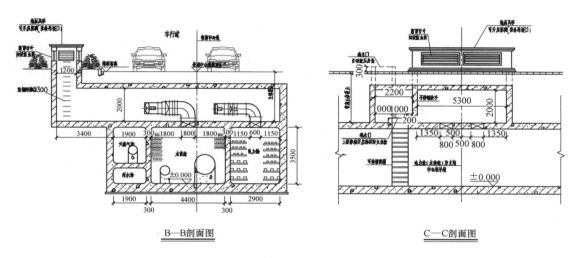

B—B剖面图　　　　　　　　　　　　　　　C—C剖面图

图　　14-23

9. 施工模拟

通过基于 BIM 的施工模拟不但可以改善传统施工管理中的诸多问题，大幅提高管理效率、施工效能；还可以打通项目各方信息沟通的壁垒，让项目参与各方能够做及时沟通，对突发问题能够做及时处理，如图 14-24 所示。

图　　14-24

10. 交互性虚拟漫游

使用 Fuzor 可进行移动端漫游检查和可视化交底。利用轻量化模型与移动端软件云数据技术，为业主、设计与施工各方提供虚拟仿真漫游。做到在任何地方都能获得如临现场的体验，实现多方异地实时沟通协调，并为后期的资产管理提供帮助，如图 14-25 所示。

图　14-25

11. 运维

1）信息检索，实现快速查询。在项目的运维阶段，BIM 模型的构件包含了大量设备的信息，如设备型号、数量、维修期、维修记录以及设备功能等，与此同时，BIM 整合了消防系统、照明系统、监控系统等。通过信息检索功能，可以快速地调集自己需要的信息，并能在 BIM 三维模型中时时展示。

2）虚拟仿真，备战突发事件。通过数字仿真技术，对各种灾难情况下的应急预案进行模拟分析，如人流疏散模拟、电梯运营模拟、火灾模拟等，这样可以比较真实地反映以上突发事件可能出现的各种状况，并生成详细的数据。运营商得到这些数据后，可以调整优化应对方案，降低安全风险，为今后的突发事件提供应对指导。

3）优化运维方案，降低运维成本。通过对模型和模型信息的更新管理，运营方能够准确掌握资产设备的状况，进而对维修成本评估，设置不同的维护方案，提高设备维护的效率与水平。运营商可以视情况选择维护方案，降低项目的运营维护成本，提高利润空间，获得更大的收益，如图 14-26 和图 14-27 所示。

图　14-26　　　　　　　　　　　　　　　　图　14-27

四、总结

BIM 同本团队目前所普及的 CAD 不同，不只是个设计绘图软件或者出图工具。它在具备 CAD 功能的同时，也具有 CAD 所不能具备的特点。如下：

1. 可视化，所见即所得

在 BIM 建筑信息模型中，由于整个过程都是可视化的，所以，可视化的效果不仅可以用作效果图的展示及报表的生成，更重要的是项目设计、建造、运营过程中的沟通、讨论、决策都可以在可视化的状态下进行。模拟三维的立体事物可使项目在设计、建造、运营等整个建设过程可视化，方便进行更好的沟通、讨论与决策。

2. 较好的协调性

无论是设计单位、施工单位还是业主，在设计实施中都要协调及相互配合地进行工作。项目的实施过程中如果遇到了问题，解决起来是相当复杂和麻烦的。在设计时，有很多由于各专业设计师之间的沟通不到位或是考虑不周，而在施工时候才会发现各种专业冲突碰撞的问题，例如结构梁和各专业管线的冲突，这种就是施工中常遇到的碰撞问题，BIM 的协调性服务就可以帮助处理这种在建筑物建造前期对各专业的碰撞问题，对施工的现场进行模拟，生成协调数据。

当然，BIM 的协调作用也并不是只能解决各专业间的碰撞问题，还能减少不必要的人员浪费和预见复杂问题，从而大大缩短工期，提高工作效率，如管道与结构冲突、各个房间冷热不均、预留的洞口没留或尺寸不对等情况。

3. 模拟性

利用四维施工模拟相关软件，根据施工组织安排进度计划，在已经搭建好的模拟的基础上加上时间维度，分专业制作可视化进度计划，即四维施工模拟。一方面可以知道现场施工，另一方面为建筑、管理单位提供非常直观的可视化进度控制管理依据。四维模拟可以使建筑的建造顺序更加清晰，工程量更加明确，把 BIM 模型跟工期关联起来，直观地体现施工的界面、顺序，从而使各专业施工之间的施工协调变得清晰明了。通过四维施工模拟与施工组织方案的结合，能够使设备材料进场、劳动力分配、机械排版等各项工作的安排变得最为有效、经济。在施工过程中，还可将 BIM 与数码设备相结合，实现数字化的监控模式，更有效地管理施工现场、监控施工质量，使工程项目的远程管理成为可能，项目各参与方的负责人能在第一时间了解现场的实际情况。

4. 优化性

现代建筑的复杂程度大多超过参与人员本身的能力极限，BIM 及与其配套的各种优化工具提供了对复杂项目进行优化的可能。

5. 可出图性

建筑设计图+经过碰撞检查和设计修改＝综合施工图，如综合管线图、综合结构留洞图、碰撞检测错误报告和建议改进方案等使用的施工图纸。

6. 造价精确性

利用 Revit、Navisworks、Lumion 等软件已经搭建完成的模型，直接统计生成主要材料的工程量，辅助工程管理和工程造价的概预算，能有效地提高工作效率。BIM 技术的运用可以提高施工预算的准确性，对预制加工提供支持，有效地提高设备参数的准确性和施工协调管理水平。充分利用 BIM 的共享平台，可以真正实现信息互动和高效管理。

7. 造价可控性

通过 BIM 技术可以非常准确地深化钢筋、现浇混凝土等图纸。并且所有深化后的图纸都可以从 BIM 模型中自动生成。就像在钢结构或预制深化中一样，使用 BVBS 以及 Celsa 等格式的文件将钢筋弯曲加工和数控机床很好地结合起来。

五、展望

通过 BIM 技术的不断发展和应用，建筑业将会发生巨大的变化，设计的质量和效率将会得到极大程度的提高。未来，BIM 技术将会结合多种移动技术来获取数据，人们可以随时随地获取建筑信息模型的资料，设计效率可想而知。

作品视频

项目 15　学院实训楼 BIM 成果展示——广西建设职业技术学院（Revit 内装组，三等奖）

参赛人员：范春梅、林立成、农志贵
指导教师：谢华、冯瑛琪、莫自庆

一、工程概况

1. 项目简介

广西建设职业技术学院实训楼坐落于南宁市西乡塘区罗文大道的东侧，相思湖北路的南侧。本工程分为 A、B、C 区，包括裙楼、塔楼及地下室，总建筑面积约 28 万 m²。其中，A 区包括地下一层和地上二十层，为框架剪力墙结构；B 区和 C 区为框架结构，分别为地上 2 层和 4 层。本工程采用旋挖成孔灌注桩桩基础，抗震设防烈度等级为 6 度，合理使用年限为 50 年。

室内装修说明：该项目精装修部分为 A 区南楼塔楼里的四层、五层。按照使用需求、美观要求及装修规范进行装修，如图 15-1 所示。

图　15-1

2. 参赛成员

范春梅

林立成

农志贵

3. 工程特点和难点

本项目工程体量大，总建筑面积约 280000m²，为学校标志性建筑，精装修深化设计工作量大，承载信息量大，技术要求高。

二、BIM 组织与应用环境

1. BIM 应用目标

本项目因体量大，造价高，所以在室内装修范畴内 BIM 应用目标为可视化设计（VR 体验）、空间利用、自然采光分析、下料分析等。

2. 软件环境

工程建模所使用到的软件主要有 Revit、Fuzor、Lumion、3ds Max、Navisworks。

3. 实施方案

实施方案主要分土建、机电专业分块建模，运用中心文件协同工作，整合优化模型，运用模型几个方面。

三、BIM 应用

1. BIM 建模

项目建模范围涵盖结构、建筑、机电全专业。室内装修部分主要是选取整个项目的其中一部分进行内装效果展示。精细建模，例如建立室内装饰装修模型的踢脚线、地砖的铺设，踢脚线、地砖遇柱、门洞口等铺设始与止、扣与放、凹与凸的问题进行严格分析并精细建模。

2. BIM 应用点

1) 施工模拟。施工模拟具有可视化强、调整及时、过程展示便捷、真实直观等特点，如图 15-2~图 15-4 所示。

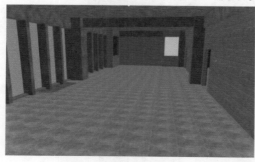

图　15-2　　　　　　　　　　　　　　　图　15-3

2) 可视化设计（虚拟现实体验）。虚拟现实不仅仅是演示媒体，而且还是一种设计工具。它以视觉的形式反映了设计者的思想。虚拟现实可以把设计构思变成看得见的虚拟物体和环境，使以往传统的设计模式提升到数字化的即看即所得的完美境界，大大提高了设计和规划的质量与效率，如图 15-5 和图 15-6 所示。

图　15-4

图　15-5

图　15-6

　　3）空间利用。

　　① 合理的位置摆放适当的物品可使得空间在满足人的活动需求的同时又能整齐有序、美观舒适。如会议室内桌椅及投影仪的摆放，走廊内应急照明及安全出口指示牌的布置，如图 15-7 所示。

　　② 合理布局。如会议室分为两个区域，分别是会议区、休息区。在会议开始前早到的参会人员可先到休息区稍作休息，会议时期参会人员在会议区开会，携带的助理或家属可在休息区静候，会议结束后需再进一步详谈时，可在

会议室交谈，也可移步到休息室等相对放松的环境中交流，如图 15-8 所示。

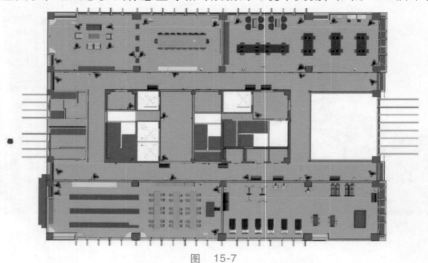

图　15-7

图　15-8

4）自然采光。体验教室从早到晚室内自然光线的变化，如图 15-9 所示。

图　15-9

5）下料分析。通过 Revit 建模，对比各式各样的材质，结合建筑的用途、综合经济性、实用性、美观等要求择优选择，如图 15-10 所示。

图　15-10

四、效果图展示

图 15-11 为建筑艺术设计学生独自构思设计的作品。为体现出艺术学生青春有朝气的特征，设计为一个较为放松的办公、学习环境，颜色主要采用黄、绿、蓝、红组合以彰显出学生蓬勃的朝气。格局分划为办公区（图 15-11）、会议区（图 15-12）及休息区（图 15-13）。

图　15-11

图　15-12

图　15-13

五、总结

该项目精装修部分为 A 区南楼塔楼里的四层、五层。按照使用需求、美观要求及装修规范进行装修。项目内容包括室内装修模型、效果图展示、VR 体验、室内采光情况展示、用料分析、动漫展示等。

作品视频

项目 16　售楼处设计——石家庄铁路职业技术学院（Revit 内装组，三等奖）

参赛人员：王晓倩、单宗萍、孙亚楠

指导教师：刘佳

一、项目简介

1. 工程概况

项目概况：室内装修工程，建筑面积约 1595.4m²。

项目名称：售楼处室内装饰。

项目地点：石家庄市新华区。

项目设计理念：售楼处作为整个楼盘的重要组成部分，把它定位于一个售楼部和休闲场所两用来考虑。色彩的搭配和整体的布局就尤为重要，把超乎想象的美好空间以梦幻般的方式呈现出来，给人惊喜、让人期待，为购房者缔造直达心灵的浪漫梦想，如图 16-1 所示。

图　16-1

2. 工程的重点难点

1）设计重点。为体现该售楼处的装饰特点，将多种不同的装饰结构组合应用到异形屋顶装饰中，从而加大了颜色合理搭配的难度。

2）灯具的制作。通过参数化灯管得到灯具的整体模型。

3）灯具光源的设置。通过将光源附加到灯具族上，然后通过渲染灯光效果来调节灯光的亮暗程度以及图像的曝光度来控制模型的渲染效果。

4）地毯的制作。在 Revit 中导入 CAD 图纸，通过复杂的拾取操作进行拉伸，然后贴上大理石等材质。

二、BIM 应用环境

1. 团队组织

为了更好地发挥 BIM 在设计中的作用，团队的组织及团队成员的技能非常重要，只有扎实的技术基础和合理的分工，才能使项目顺利完成。

2. 软硬件环境

软件应用见表 16-1。

表 16-1   软件应用

Autodesk Revit Architecture	用来构建售楼处建筑模型
Autodesk Revit Structure	用来构建售楼处结构模型
Autodesk Navisworks	用来制作售楼处室内漫游动画
Lumion	用来制作售楼处室外漫游视频
Fuzor	用来制作构件的二维码，便于查看施工信息，同时生成漫游动画
会声会影	视频剪辑与制作

项目设计的使用设备为专业图形工作站，主要硬件配置见表 16-2。

表 16-2   图形工作站配置

PN	Model	Description	Qty	Unit Price	Sum Price
IBM	X3850X6	X3850 X6，配 4 个 Inter 8 核 Xeon E7-4809 v3 处理器（2.0GHz，20M 缓存，6.4GT/s），标配 4 块内存板 48 个 DIMM，256GB（16×16GB）2133MHz DDR4 内存，标配 8 个 2.5″SAS 热插拔硬盘槽位，标配 M5210 支持 RAID0、1、10 可选缓存或 Flash 保护，主机带 4 口个千兆以太网卡，标配 2 个 900W 热插拔电源（带 2 根 PDU 电源线），4U 机架式，无光驱	1	¥85500.00	¥85500.00
IBM	硬盘	240G SSD 6Gbps 10K 2.5 G3HS SATA	2	¥2500.00	¥5000.00
	显卡	丽台 NVIDIA Quadro M6000 24GB 大型渲染图形显卡	1	¥39800.00	¥39800.00
HP	显示器	HP Z24S 4K 3840X2160	1	¥4000.00	¥4000.00
	总价				¥134300.00

三、BIM 应用

1. BIM 建模

BIM 模型在 Revit 中分层、分区创建。所在模型在 Navisworks 中整合后进行可视化校验和汇总。通过可视化及碰撞检测等手段，预测可能会产生的实际问题，对项目精细化实时提供帮助，如图 16-2 所示。

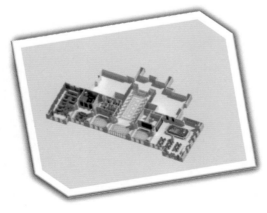

图   16-2

2. BIM 应用情况

1）装修模型的可视化显示。

2）基于 BIM 模型，优化装饰装修方案。

3）生成工程量清单，进行数据统计。

4）复杂节点可视化及剖面图施工指导。

5）装饰装修构件的参数化设计。

3. 应用效果

应用效果如图 16-3 和图 16-4 所示。

图 16-3   图 16-4

四、总结

每一个施工阶段都涉及大量材料、机械、工种、消耗和各种财务费用，人、材、机和资金消耗都要统计清楚，数据量巨大。工作量如此巨大，实行短周期（月、季）成本管理就成为了一种奢侈。BIM 技术的出现代替了传统模式的计算，大大减少了工作量，效果显著，主要表现在以下两点：

1）通过提前统计装修用料，进行工程量统计，节约了 20% 的工程成本。

2）为客户提供多种装饰装修方案，减少了 3% 的人力成本。

作品视频

项目17　绿动未来城——福建工程学院
（Revit 幕墙组，三等奖）

参赛人员：周佳鹏、黄娟娟、张鹏程、张坤荣

指导教师：连立川、郑炎彬

一、工程概况

1. 作品理念

本工程以"新生活·新城市·新农业——将农业带回城市新区"为主题，旨在探讨城市化进程中，农业用地转为城市用地而带来的新的城市生活方式、新的农业发展模式、新的城市肌理状态及新的建筑空间形式等。结合福建多山、多丘陵的地域条件，旨在将商业带进山区，将山区的农副产品运输至大城市，推进城市化发展，合理规划用地，坚持可持续发展。

2. 项目规模

本工程为1栋地下3层，地上55层，建筑高度为210m的超高层塔式建筑和1栋5层的农场加工厂。主楼设置的避难层分别位于16层、26层及41层；地下3层为停车场；1~4层为裙房；3层为酒店中餐厅及中餐厅包房；4层为酒店宴会厅等配套用房；5~38层为商务办公区；43~55层为居民住宿区；屋顶上部为电梯机房、设备机房以及直升机停机坪。在地下车库设有通向山区以外的地下隧道作为山里、山外的交通系统，避免开发导致地面上的森林植被破坏而造成水土流失等影响。超高层塔式建筑采用钢筋混凝土框架核心筒结构体系。项目效果图如图17-1所示。

图　17-1

二、BIM 团队组成及主要使用软件

1. 成员分工

成员分工见表17-1。

表 17-1　成员分工

姓名	职位	主要负责
周佳鹏	队长	建模、后期模型整合、新建族、Navisworks
黄娟娟	队员	前期建模，后期细部，Lumion
张鹏程	队员	建筑装修、视频剪辑
张坤荣	队员	前期建模、机动协调、PPT

2. 主要使用软件

Autodesk Revit 2015：概念设计、参数化建模，包括建筑主体、室内装修布置、场地布置、相关参数化构件制作（如玻璃幕墙族）等。

Autodesk Navisworks 2015：室内漫游，施工动画制作。

Lumion pro 6.0：模型渲染和视频制作。

三、模型展示

1. 室外外观

室外外观如图 17-2 所示。

图 17-2

2. 室内装修效果

室内装修效果如图 17-3 和图 17-4 所示。

图　17-3

图　17-4

四、项目优化方案

1. 建模流程

主楼建模流程为：先进行建筑样板制作，设立项目基准点；然后分层分工建模；最后模型整合。后期发现这样的建模流程不大符合实际项目的一个建模流程，所以在建主楼旁边的加工厂模型时，采用协调样板，先结构后建筑再装修，最后与主楼整合的建模流程，如图 17-5 所示。

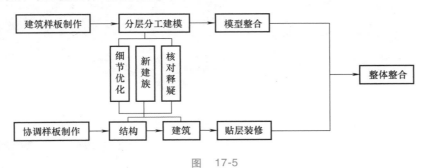

图　17-5

2. 建筑样板制作

制作项目样板，设置项目基准点，制订比赛专用项目视图样板，进行过滤器设置，辅助制图，如图 17-6 所示。

样板优点：构件颜色容易辨识，也可清晰呈现 CAD 图纸，辅助建模，如图 17-7 所示。

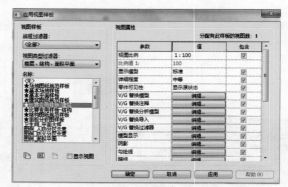

图　17-6

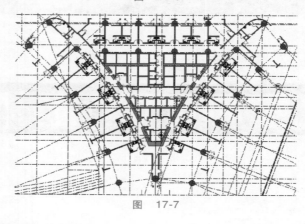

图　17-7

三维视图样板如图 17-8 所示。

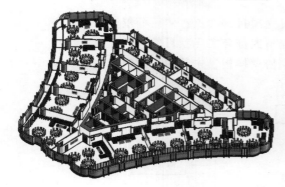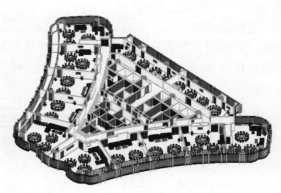

图　17-8

3. 中期细节优化

1）建模优化：小组成员分工合作，在同一个样板文件上建模，后期检查墙柱连接，检查碰撞，并检查门窗洞口的尺寸及位置是否正确，如图 17-9 所示。

2）幕墙优化：由于本工程的幕墙规格多样多变，且是弧形幕墙，所以基于 Revit 幕墙功能系统下，通过墙体玻璃材质代替幕墙

图　17-9

嵌板、墙饰条代替弧形竖挺、弧形幕墙附着体量的方法进行绘制。若无法形成弧形，则通过与体量连接，再隐藏体量，来实现本项目的幕墙系统，如图 17-10 所示。

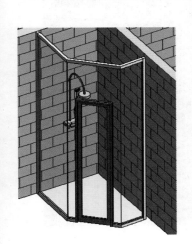

图　17-10

3）顶层飞机坪及办公室如图 17-11 和图 17-12 所示。

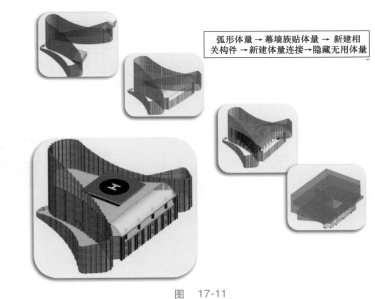

弧形体量 → 幕墙族贴体量 → 新建相
关构件 → 新建体量连接 → 隐藏无用体量

图　17-11

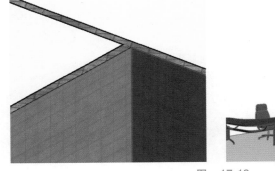

图　17-12

4. 模型整合

基于在一个相同项目基准点的样板上分栋、分层建模，最后整合模型，如图17-13 所示。

五、总结

首先感谢举办方提供这样的一个参赛平台，大赛有助于提高使用软件的综合水平；有助于将所学的专业知识融会贯通、综合运用；对参赛队员的自我成长有着很大的帮助。

在这次比赛中，虽然团队获得了较好的成绩，作品也达到了预期的效果，但仍然存在很多不足，比如软件操作水平不足、知识面不够广、细节处理不完善等。

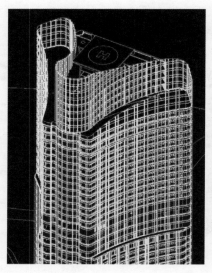

图 17-13

比赛结束后，经过一段时间的沉淀和对 Revit 软件的深入探讨后，发现还有更好的办法可以实现并且达到之前的效果。通过这次比赛，能够近距离和 BIM 行业尖端的人才交流，与其他组的作品对比，发现自身的不足，期许在未来能够不断进步，学习更多的知识和技术。同时认识到，想在 BIM 行业有更好的发展，不仅仅要学好软件，专业基础知识也同等重要，团队之间的协作也很重要。

作品视频

项目 18 学院南校区——山西工商学院（Revit 景园组，三等奖）

参赛人员：李洲民、刘文平、李秋兰、王文佳
指导教师：刘芳

一、工程概况

山西工商学院南校区位于小店区北格镇北格村，总建筑面积 224638.29m²，地上建筑面积 207737.54m²，地下建筑面积 16900.75m²，如图 18-1 所示。

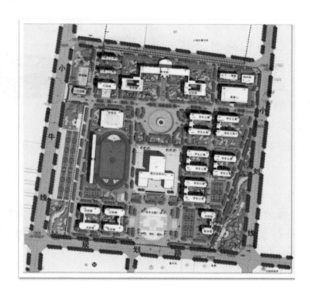

图　18-1

整个场地由农耕地进行改造建设，地下水位较高，用碎石桩进行地基处理；常年多风，日照充足，周围较空旷，建筑群规划统一坐北朝南，减少受风面，提高日照率。

校区位于小牛线与小刘线之间，两条线分别为本地区主干道，校区将大门设置于新规划方位，两条主干道处分别设置东、西门。

校园体现可持续发展的规划理念，校园立足学校的实际情况，有效利用和保护校区内现有地形地貌，保证校园生态环境的可持续发展。在规划设计分区合理的前提下，为以后学校发展研究生院保留条件。

规划设计突出人文关怀的校园环境，创造一个学习、住宿、工作、有特色的校园物质环境，赋予有特色的大学精神，彰显其人格化教育的特色价值、统一有序的整体感和浓厚的文化氛围。

校区规划注重整体布局，各个区相互分离，同时又紧密联系，实现各种设施的优化使用。以整体的景观空间环境设计为原则，创造良好的校园场所空间。通过轴线控制、多层次空间渗透、融汇自然等手段，创造丰富活泼的校园景观环境。尊重现有自然环境，强调人与自然共存，充分利用现有地形、地貌、山体、植被，人工建筑与自然环境相融合，突出建筑群布置的层次感，同时加强校园环境景观的配套设计，体现校园的花园化、生态化。主要建筑物之间应相互协调，规整式与活泼的单体建筑构建学校严谨、创新的学校环境。校园功能分区应明确、布置合理、联系方便、互不干扰、满足教学与生活要求，并留有一定的发展余地。

二、BIM 应用点

1. Revit 应用

利用 Revit 的功能将作品的 CAD 平面图翻模成三维立体图，直观反映出建筑的结构类型、建筑构造与建筑材质。制作项目所在场地模型，开挖建筑地坪，把已做好的建筑模型准确放入开挖基坑内（犹如真实施工环节），最

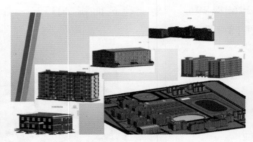

图 18-2

后对场地进行改进及布置景观和设施，真实还原并优化现实项目的样貌，如图 18-2 所示。

2. 项目优化

利用 Revit 光照分析，发现教师公寓区建筑采光略差，针对此缺陷，对教师公寓的楼间距进行扩大，使之与学生公寓组楼间距相同，为 25m，增大了全天采光率，如图 18-3 所示。

3. Revit 与 Lumion 交互

利用 Revit 制作完校园模型后，利用 Revit for Lumion 插件转换为 Lumion 格式文件进行景观设施布置、场景渲染，达到真实的效果，同时应用 Lumion 来制作动画视频演示，实现建筑的可视化效果，如图 18-4～图 18-6 所示。

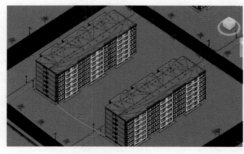

图 18-3

图 18-4

图　18-5　　　　　　　　　　　　　图　18-6

三、总结与展望

1. 总结

本项目通过 BIM 技术来直观展示校区的规划与布局，对各个建筑物的功能、采光、交通等方面进行了形象的展示，模拟出了校区建成后的方方面面，这样可以大大避免在施工中出现各类不合理、不协调的设计，避免翻工、改动，从而降低了项目成本。

通过此项目，积累了 Revit 在景园方面的应用经验，扩大了知识面，掌握了一定的 BIM 应用能力，在个人的专业素质方面有了显著提高，为今后进入 BIM 技术行业打下了基础。

2. 展望

1）VR 在 BIM 三维模型的基础上，加强了可视性、具象性和交互性。VR 在建筑领域内的应用，都能和 BIM 应用紧密联系起来。

2）可视性方面。VR 可以增强建筑及室内设计的设计成果展示效果，还可以以沉浸的方式进行施工模拟演练，帮助施工方了解施工过程。

3）交互性方面。室内设计师可以利用 VR 完成沉浸式的家装设计，同时在 VR 设计软件的支持下，建筑师有望在不久的将来实现 VR 建筑设计。

作品视频

项目 19　全景漫游项目 BIM 技术应用——南昌工学院（Revit 景园组，三等奖）

参赛人员：周继登、宁武霆、沈华新、周玉杰
指导教师：王杰、蒋俊

一、项目概况

南昌工学院位于南昌市新建县，净用地面积 672707m²，征地面积 728600m²，用地规整，场地较平整；基地四面环路，其中南临学院南路、北临学院北路、东临东城大道、西临物华南路。已建建筑面积 330095.57m²，包括生活区、教学区、娱乐区、商业区、办公大楼、食堂等，如图 19-1 和图 19-2 所示。

图　19-1

图　19-2

二、项目重点难点

1）项目占地面积大，地形较为复杂，地形数据测量难。

2）项目建筑物面积大，外形奇异、复杂。

3）比赛时间紧张，三个月需完成全部建模及景观布置。

三、BIM 技术应用

项目应用步骤如图 19-3 所示。

1. 项目策划

明确实施目标，制订任务计划，进行系统应用，根据团队经验、讨论，按流程、进度、要求，分阶段提交成果。

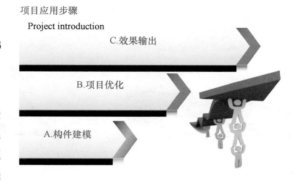

项目应用步骤
Project introduction

C.效果输出

B.项目优化

A.构件建模

图　19-3

2. 推广方式

大学生 BIM 技术研究协会坚持以实践操作为主，借用 BIM 校企合作平台，学习行业各项先进技术，吸收优秀企业成功管理经验，然后在协会内推广、学习。

3. 族库、模型建立

如图 19-4 所示，建立族库，实现数据标准化，提高建模效率。根据 BIM 规范、比赛评分标准，建立相应的地形、建筑、景观的 BIM 模型。模型在地形勘测阶段完成。

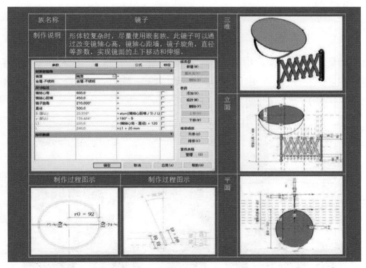

图　19-4

4. Revizto 平台利用

Revizto 可轻量化多种格式的三维模型及图纸，并上传到云端，供团队人员查看、审核、批注、沟通。

5. 地形建模

使用传统的勘测数据（如点和特征线）创建曲面，再借助 Civil 3D 曲面简化工具，充分利用航拍测量的大型数据集以及数字高程模型，将曲面用作等高线或三角形，或者创建有效的高程和进行坡面分析，如图 19-5 和图 19-6 所示。

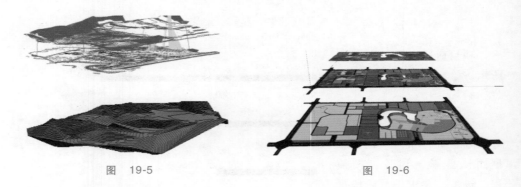

图 19-5   图 19-6

6. 三维场地布置

利用谷歌地图精确定位项目位置，利用 SketchUp 进行道路及景观三维建模，利用 Lumion 软件进行模型整合，利用学校无人机航拍漫游技术、虚拟现实技术动态布置，可直观、精确地对建筑模型进行定位，对整个项目的布置状态进行分析 。

7. 三维建模

利用 Revit 2015 对重要建筑物土建、结构进行标准化建模、参数化建模、景观细节建模。利用三维扫描仪 Trimble TX5 扫描部分建筑物，获取点云数据，利用软件快速翻模。

四、其他应用

1）利用 3D 打印技术、虚拟建造软件对施工中施工工艺，进行多角度、可视化的动画模拟，按照施工步骤分步演示，指导施工，结合 BIM 三维可视化特点，制作学校全景沙盘，如图 19-7 所示。

图   19-7

2）利用 BIM 强大的数据管理信息功能，项目人员可利用手持端进行信息录入，如墙体浇筑时间、拆模时间、验收人员、质量安全检查等。在模型漫游过程中，可随时对已完成工作内容的信息进行检查与追溯，并可自动生成施工日志等。

3）利用 BIM 技术的可出图特性，结合精确 BIM 模型，通过输入规范参数，快速完成景观地板砖排砖设计图，快速统计材料，输出报表。

4）二维码应用。通过手机扫描构件二维码，即可获悉构件的工程量、材质、位置等关键信息，并对关键工序制订施工工艺二维码，便于质量、施工检查，如图 19-8 所示。

图　19-8

五、协会人才培养及改进

积极参与等级考试培训和 BIM 项目。协会从 2014 年成立至今，轮岗式培训了近 500 人。协会主要管理人负责对成员进行培训，以适应建筑行业大改革，提升工作质量，提升工作效率。本团队正对协会成员的数据库、所制作的族库进行改进、完善，转换为互联网管理。

六、总结

1. 收获

针对项目的特点，本团队创建了设计及施工 BIM 模型，并将模型用于景观设计、深化设计、效果输出等，为基于 BIM 进行各层次运用、管理奠定了基础。

1）建模技术：对常见景观细节建模、土建标准化建模有了更深刻的认识和更开阔的建模思路，有了独立熟练建模的能力。本项目架设了局域网共享文件夹，进行内部的协同建模，稳定高效。

2）管理水平：在辅助深化设计及项目管理方面取得一定成果，有助于减少返工，节约时间，提升模型质量和控制工期。

3）技术推广：小组成员对 BIM 技术和协会 BIM 大团队有了更多的了解和认可，有助于下一步该技术推广工作的开展。

2. 不足

1）人员体系：缺少独立承接大型项目的经验，需逐步建立人才培养体系，壮大 BIM 团队综合实力。

2）制度标准：BIM 项目经验不足，需不断总结，逐步建立、健全企业级及项目级管理制度和实施标准。

3）时间安排：时间准备不足，第一次接触景观场地以及建筑群超多的项目，经验不足，导致细节处理时间不够。

4）管理应用：建模相对滞后，没能充分发挥 BIM 在景观设计中的价值，在以后的项目仍需进一步思考和尝试。

3. 下一步计划

下一步本项目将在 BIM 应用基础上进一步发掘 BIM 在建造数字化校园、智慧校园的价值，更大范围、更深层次地应用 BIM 技术，如基于 BIM 技术的深化设计、计划管理、资源管理、信息管理、工作面管理及多专业协调等，以提高项目精细化管理水平，为以后的项目积累经验，打好基础。

同时项目也将继续深入探索、研究 BIM 技术在设计、施工、运维各阶段的应用，并对各阶段 BIM 模型、信息、成果的准确、无损传递与共享进行探索研究，尝试实现工程建设全生命周期 BIM 应用。

作品视频

项目 20　学院实训楼 BIM 成果展示——广西建设职业技术学院（Revit 建筑组，优秀奖）

参赛人员：黄金春、蒙朝锐、廖雪婷

指导教师：谢华、冯瑛琪、莫自庆

一、工程概况

广西建设职业技术学院实训楼，总建筑面积 357200m²，地上建筑面积 336972m²，建筑总高 85.6m。结构的设计使用年限为 50 年，建筑结构的安全等级为二级，现已投入使用，如图 20-1 所示。

图　20-1

二、模型采用的软件

模型采用的软件如图 20-2 所示。

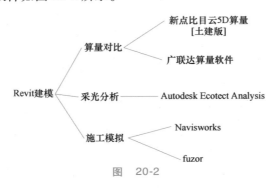

图　20-2

三、BIM 应用

1. BIM 建模

1）砌筑墙及外墙装饰。外墙装饰层可依次分多个构造绘制，也可按一个构造多个部件绘制，本项目采用了后者，如图 20-3 所示。

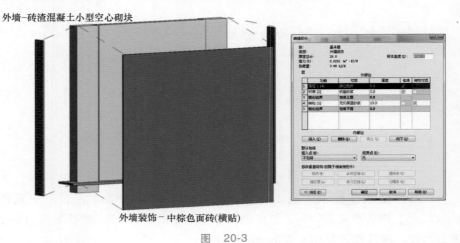

图 20-3

2）门窗族。项目中大量门窗，其中大部分门窗与族库里的门窗样式不同，需自建门窗，所建门窗有门联窗、推拉窗、推拉窗与固定窗融合等门窗族，如图 20-4 所示。

图 20-4

3）可调百叶窗。自建百叶族，可通过参数关联控制百叶数量，如图 20-5 所示。

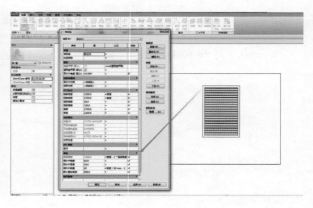

图 20-5

4）圆形天窗。圆形天窗由玻璃挡板和玻璃盖板组成，挡板与盖板的绘制方式有所不同，前者采用幕墙通过参数化控制来绘制，后者采用迹线屋顶绘制并将材质改为玻璃，如图 20-6 所示。

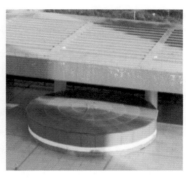

图 20-6

5）锥形天窗。锥形天窗因形状不同于普通窗，不可采用窗族或幕墙绘制，故采用迹线屋顶绘制并通过参数控制，将材质改成玻璃，添加龙骨，如图 20-7 所示。

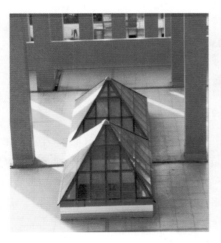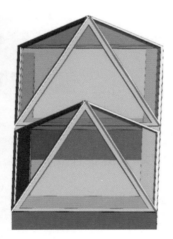

图 20-7

2. BIM 应用情况

1）精确成本控制。在门窗的建模过程中，通过精细化建模，厂家可以导出数据信息，建造与建筑相符的门窗，无须到达施工地点进行测量，从而提高工作效率，并且减少了多次加工的损耗，达到了采购数量优化、下料优化的要求。

2）算量对比。外墙面砖量对比。新点比目云 5D 算量（土建版）与传统算量软件对同一位置的外墙面砖量进行对比，两者相差 0.01%，如图 20-8 和图 20-9 所示。

算量报表对比中，新点比目云 5D 算量与广联达算量的差距较小，主要原因在于计算规则及构件的扣减、软件误差和人为因素等。

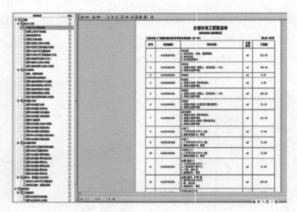

图　20-8

图　20-9

新点比目云 5D 算量是基于 Revit 软件的一个插件，可直接在 Revit 软件中进行模型的精准算量且方便快捷，可信度高，实现了一个平台多种用途的功能。

3）施工模拟。根据工程施工组织进度计划进行施工过程模拟，优化整个施工过程，缩短工期，节约成本。

施工进度的模拟具有很强的直观性，即使是非工程技术出生的业主方也能快速准确地把握工程进度，如图 20-10 所示。

图　20-10

4）Ecotect Analysis 分析。以建院实训楼南楼十六层为例进行光环境中的采光分析、遮阳构件对太阳辐射量的影响分析、遮阳构件对太阳辐射量的影响分析。

5）光环境中的采光分析。如图 20-11 所示。

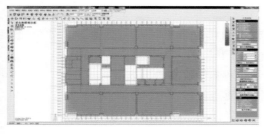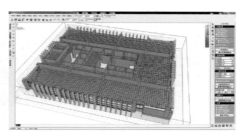

图　20-11

绿色建筑标准要求，采光系数大于 2% 的面积，要占到总面积的 75% 以上。通过报表分析，建院实训楼南楼十六层采光系数大于 2% 的面积占到总面积的 99.98%。

6）遮阳构件对太阳辐射量的影响分析。在有无遮阳板及窗的情况下，对建院实训楼十六层进行太阳辐射量分析，考察建筑是否达到绿色建筑标准要求，如图 20-12 所示。

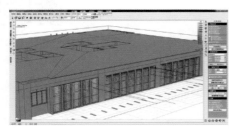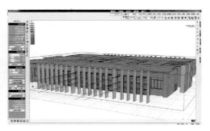

图　20-12

分析结果：无遮阳构件的情况下，每个网格的曝辐量平均值是 606412.19W·h；在有遮阳构件的情况下，每个网格的曝辐量的平均值为 336947.09W·h。设置了遮阳构件后每个网格的曝辐量平均值减少了 269465.1W·h。

结果表示遮阳构件在夏季可有效地减少太阳辐射。

7）室内视野分析。视野分析是指室内各点对于室外环境的可见程度。绿色建筑标准要求，在 90% 经常使用的空间中可以通过位于地面上 0.76~2.29m 高度的窗户获得直接对外的视野或 75% 以上的面积可通过视野看到窗外。

分析结果：南楼十六层能透过窗户获得视野的面积占总面积的 99.9%，达到标准。

四、应用效果

BIM 模型的大数据优势能显著提升工程造价水平和效率。

通过 Ecotect 软件对 BIM 模型进行"日照与遮挡分析""光环境分析""太阳能辐射和太阳能利用分析""热环境分析""室内视野分析"等，可得到精准数据，让建筑物美观通风，围护结构布置高效，室内环境得到控制，还可以充分利用太阳能。

五、总结

1. BIM 技术的优势

1）参数驱动的建筑三维设计，给施工图修改带来了"一处修改、处处更新"的便利，极大地缩减了改图工作量及出错几率。

2）三维协同设计为全专业实时配合带来工作效率的提高。

3）可视化使各设计部门的沟通变得方便直接。

4）碰撞检查技术能够排查设计盲点，降低图纸出错率。

2. BIM 技术的不足

1）图纸的出图仅可满足二维图纸出图，二维图纸无法明确表达设计意图，并指导施工。

2）为了将 BIM 技术运用到整个建筑生命周期，就需要设计单位、施工单位、运营单位同时掌握 BIM 技术并学会使用，对相关人员的技术水平要求高。

作品视频

项目 21　欧亚艾德楼——西安欧亚学院
（Revit 建筑组，优秀奖）

参赛人员：刘洋、郝懿、潘星星、臧赛

一、项目概况介绍

工程名称：欧亚艾德楼项目。

建设地点：陕西省西安市雁塔区欧亚学院内东南位置。

总建筑面积：26255.74m²。

项目用途：集学生公寓、自习室、小吃广场、便民超市于一体的综合楼。

效果图如图 21-1 所示。

图　21-1

二、任务流程

任务流程为：图纸内审→分工→初期建模→模型优化→渲染→出图→资料整理→技术交底→项目交付。

三、软件应用说明

1）建模软件：Revit。

2）渲染软件：Lumion、Fuzor、Rument 等。

3）其他软件：Navisworks（施工模拟）、广联达 BIM 5D（精确排砖）。

四、项目重难点应用

1）制定本项目 BIM 标准，如图 21-2 所示。在模型建立前制定一系列相关标准，建立项目族库，确保模型的规范性、合理性。

图　21-2

2）装饰装修细部处理如图 21-3 所示。为使建筑更加美观，楼梯间、梯段平台、门套、过门石、勒脚、吊顶都做了较精细的装修设计。

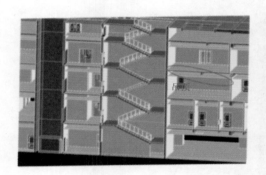
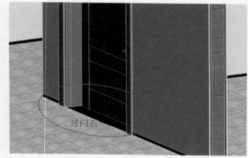

图　21-3

3）样板层展示如图 21-4 所示。通过在 Lumion 中对样板层进行渲染展示，使业主在建模期间就能将理想的装修设计与合理的空间规划相结合，可以直观查看最初的建筑设计意图是否完整体现，方便后期优化建筑设计方案。

图　21-4

4）墙体材质。根据工程图纸设计中说明及《外墙外保温工程技术规程》

（JGJ 144—2004）、《建筑装饰装修工程质量验收规范》（GB 50210—2001）等设计依据，对三到二十八层的外保温涂料饰面外墙在模型进行做法细化，使模型更加贴合设计初衷，更好地指导施工，如图 21-5 所示。

5）卫生间精确排砖。为保证卫生间不出现砖封不齐、观感较差等问题，在 Revit 中进行瓷砖精细化排布，根据铺贴瓷砖减少裁缝、非整砖不得使用小砖等原则进行排布。卫生间防水及地漏处坡度的设置也可以直观地体现出来，如图 21-6 所示。

图　21-5

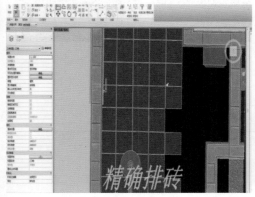 

图　21-6

6）屋顶防水及凿坡。房屋防水是一项复杂的工程技术，目前房屋屋顶渗漏是比较普遍的工程质量通病之一。解决渗漏的主要方法为：屋顶凿坡合理，可以有组织地迅速排水；屋顶防水要达到验收规范要求。在建模过程中，应精确做到以上两点。这样不仅方便统计工作量，还可以指导施工，如图 21-7 所示。

图　21-7

7）地下室防水。在房屋底层以下建造地下室，可以提高建筑用地效率。地下室防水施工方案及防水规范非常重要。本团队按照相应规范优化地下室楼板的做法，提高模型 LOD 精度，如图 21-8 和图 21-9 所示。

图 21-8

图 21-9

8）门窗明细表。门窗明细表如图 21-10 所示。

<门窗明细表>

A OmniClass 编号	B 宽度	C 高度	D 底高度	E 粗略宽度	F 粗略高度	G 日光得热系数	H 合计
	1200	1400	900	1200	1400	0.86	1
	800	1400	900	800	1400	0.21	1
23.30.20.00	2600	1800	400	2600	1800	0.76	1
23.30.20.00	2600	1800	400	2600	1800	0.76	1
23.30.20.00	1500	1800	600	1500	1800	0.78	1
23.30.20.00	1500	1800	600	1500	1800	0.78	1
23.30.20.00	1200	1400	900	1200	1400	0.78	1
23.30.20.00	1200	1400	900	1200	1400	0.78	1
	1500	1800	600				1
	1500	1800	600				1
	800	1400	900	800	1400	0.21	1
23.30.20.00	1200	1400	400	1200	1400	0.78	1
23.30.20.00	1200	1400	400	1200	1400	0.78	1
	800	1400	900	800	1400	0.21	1
	1500	1800	600				1
	800	1400	900	800	1400	0.21	1
	800	1400	900	800	1400	0.21	1
23.30.20.00	2600	1800	400	2600	1800	0.76	1
23.30.20.00	2600	1800	400	2600	1800	0.76	1
	800	1400	900	800	1400	0.21	1
23.30.20.00	1910	1800	700	1750	1800	0.78	1
	1500	1800	600				1
	1500	1800	600				1
	1500	1800	600				1
	1500	1800	600				1
23.30.20.00	1200	1400	900	1200	1400	0.78	1
23.30.20.00	1200	1400	900	1200	1400	0.78	1
23.30.20.00	1200	1400	400	1200	1400	0.78	1
23.30.20.00	1200	1400	400	1200	1400	0.78	1
	800	1400	900	800	1400	0.21	1
	800	1400	900	800	1400	0.21	1
23.30.20.00	1200	1400	900	1200	1400	0.78	1
23.30.20.00	1200	1400	900	1200	1400	0.78	1
23.30.20.00	1200	1400	400	1200	1400	0.78	1
23.30.20.00	1200	1400	400	1200	1400	0.78	1
	800	1400	900	800	1400	0.21	1

图 21-10

五、项目创新应用

1. VR 技术

本团队了解到建筑行业存在痛点之一就是建筑效果未知，导致施工方难以把握设计意图，客户难以预知施工状况。本团队将已建的 BIM 模型与 VR

技术结合，在虚拟环境中，建立周围场景、结构构件等虚拟模型，让系统中的模型具有动态性能，并对系统中的模型进行虚拟装配，对施工方案进行修改。把不能预演的施工过程和方法表现出来，节省时间和建设投资，如图21-11所示。

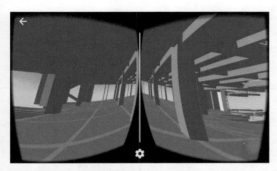
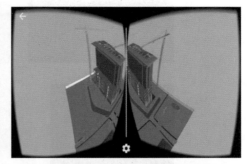

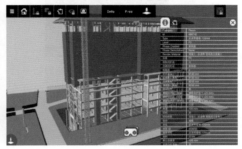

图　21-11

2. 协同设计

在建模过程中，本团队意识到一个项目的设计到模型搭建不可能仅由一个人来完成，这需要团队内协同工作。由于时间限制等因素，本团队建立了协同工作解决方案：工作集和中心文件，如图21-12和图21-13所示。

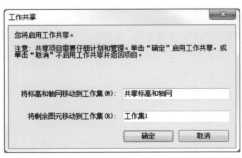

图　21-12　　　　　　　　　　　　图　21-13

3. 问题报告

在建模过程中，会出现许多图纸与模型不符的问题，如内墙与窗冲突等。通过创建模型，可以提前修正，避免对施工造成不利影响，如图21-14和图21-15所示。

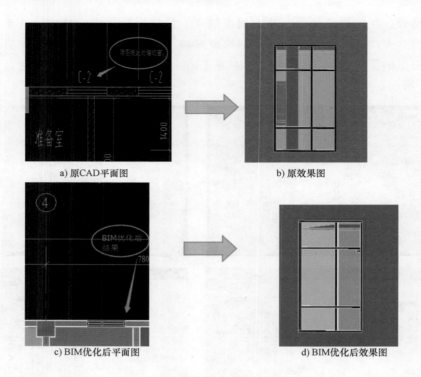

a) 原CAD平面图   b) 原效果图

c) BIM优化后平面图   d) BIM优化后效果图

图　21-14

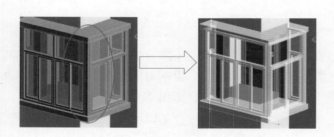

注：利用Revit建立三维模型，可以直观地看到窗无法把墙切开，通过重新设计墙的尺寸来解决该问题。

图　21-15

六、成长与感恩

　　为了提高模型的 LOD 精度，本团队深入施工现场，将 BIM 技术与实际工程相结合。通过对专业图集和行业规范的学习，不仅专业知识得到了补充，知识面也得到了拓宽。通过全专业的建模和各专业知识的运用，本团队增强了知识联系体系，在备赛过程中，老师和学校也给予了本团队很大的支持。在这个过程中本团队常怀感恩的心，努力把作品做得更好，如图 21-16 所示。

图　21-16

作品视频

项目 22　文博苑图书信息中心——南京工程学院（Revit 建筑组，优秀奖）

参赛人员：成涛、何龙飞、张宇峰

指导教师：喻骁

一、工程概况

文博苑图书信息中心在造型上犹如一堆随意堆放的书籍，寓意为：资源的汇集处，知识的海洋。中心从任何角度看过去都有一种强烈的形体变化和虚实对比的感觉。中心主色调为灰色，其间点缀少许暗红色，使整个建筑看起来庄重、肃穆，而又不失生动、活泼。

中心总用地面积为 5.6 万 m²，总建筑面积为 3.8 万 m²，主建筑面积为 3.1万 m²，容积率为 0.68，建筑层数为 5 层，建筑高度为 23.45m，结构类型为框架结构，如图 22-1 所示。

图　22-1

二、BIM 应用环境

本项目确定了以 Revit 所建的 BIM 模型为核心的应用策略，通过各种转化，使得模型能够用于绿建模拟分析、可视化应用、碰撞检查、渲染等用途，如图22-2 所示。

三、BIM 应用

1．BIM 建模

1）材质命名标准化，如图 22-3 所示。

2）模型构件精细化，如图 22-4 所示。

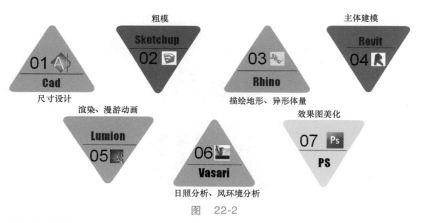

图 22-2

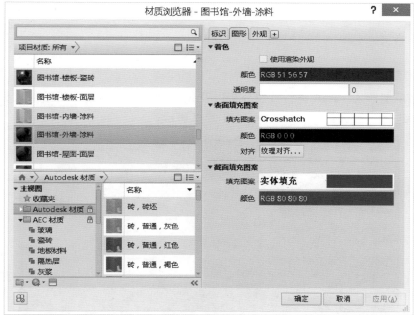

图 22-3

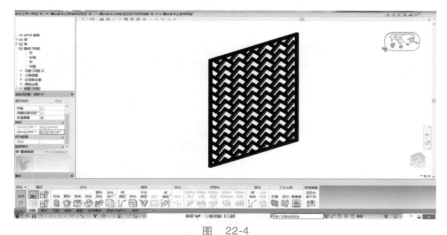

图 22-4

3）模型布局合理化，如图 22-5 所示。

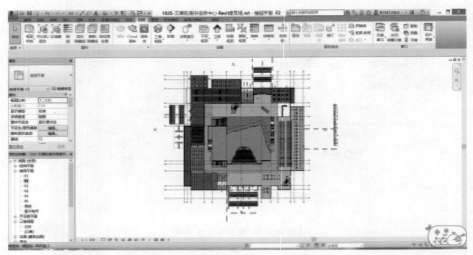

图　22-5

2. 优化设计

　　将模型导入 Vasari 进行日照分析以及风环境分析，通过分析结果对模型尺寸进行进一步的优化，如图 22-6 和图 22-7 所示。

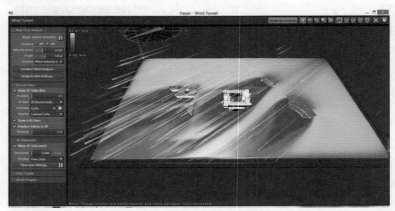

图　22-6

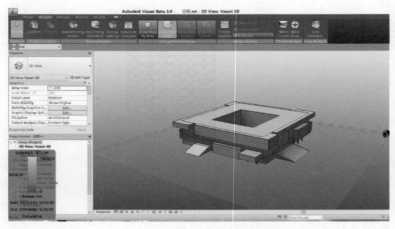

图　22-7

3. 难点解决

　　项目的幕墙系统是最为复杂的设计难点，单纯的 Revit 体量建模解决起来较为困难。本团队借助多个三维软件的相互转化和优势互补，最终使得在 BIM 模型中，幕墙体系得以完美贴合，如图 22-8 所示。

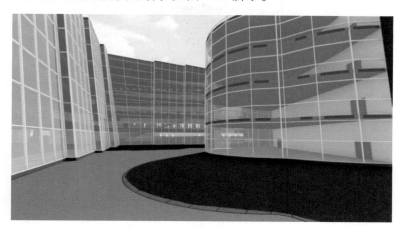

图　22-8

四、项目效果图

　　项目效果图如图 22-9~图 22-12 所示。

图　22-9

图　22-10

图　22-11

图　22-12

五、总结

相对于传统的设计方式，BIM 的优势是巨大的，从可视化到施工运维以及成本控制，都是传统的设计方式无法企及的。

经过团队的齐心协力，作品有不少的亮点，如软件的综合运用、模型细节的把控等，但也存在着很多的不足之处，如建模方式太粗糙、建模效率低等。

作品视频

项目 23 兰州交通大学行政楼——兰州交通大学（Revit 建筑组，优秀奖）

参赛人员：焦铸、曹文、张先、刘嘉莉

一、工程概况

1. 项目简介

1）本工程的主要功能是科技开发、成果展览、学术会议，设有办公、宿舍等配套服务设施。地下一层为设备用房及平战结合六级人防工程，平时为小汽车停车库，战时为二等人员掩蔽所。

2）本工程地下一层，主楼部分地上十八层，裙房部分地上四层，局部五层。结构主楼采用现浇钢筋混凝土框架-剪力墙结构，裙房为框架结构。

3）本工程抗震设防烈度为八度。

4）本工程为一类高度综合建筑物，地下停车库为 V 类停车库，耐火等级为一级。

5）本工程建筑高度为 64.10m。

6）本工程总建筑面积为 28100m²，其中地下一层建筑面积为 3225m²，地上部分建筑面积为 24875m²。

7）本工程建筑耐久年限按一级耐久年限 100 年设计。

8）本工程建筑砌体施工质量控制砌筑等级为 A 级。

2. 工程难点

1）建筑物有其自己独特的外形，施工细节处理十分繁杂，容易出错。

2）本工程属于一类高层综合建筑楼，工程量巨大。各工种施工交叉点较多，协调难度大。

3）部分构件定位不明确，施工过程有难度。

4）部分图纸设计不明确，相关施工过程中有问题。

二、BIM 组织与应用环境

1. 应用目标

本工程旨在以 BIM 技术为核心，建立兰州交通大学行政楼建筑模型，了解建筑施工所进行的工序，合理协调各工种的施工，达到项目优建、提高项目管理质量的目标。

2. 实施方案

通过实际项目的考察，做好前期数据的调查与分析。利用 BIM 相关软件，完成建筑项目的整体建模，并对部分细节与难点进行项目的优化。

3. 团队组织

本团队在项目立项后成立专门的 BIM 团队小组,团队共有 BIM 行业资深指导教师两名,实操 BIM 建模四人。其中组长负责整体项目的协调与调配工作,一人负责项目整体数据的搜集、整合与分析工作,一人负责对项目图纸的识图与部分细节修正工作,一人负责项目整体的建模与优化工作。

4. 软硬件环境

本工程在专业的 BIM 中心进行,建模师配有两台台式计算机,其余每人配置一台台式计算机。硬件参数为处理器酷睿 i7、CPU3.60GHz,内存 16GB,显存 2GB,64 位操作系统,中等配置。BIM 核心软件为 Revit、Lumion。

三、BIM 应用

本工程主要;通过 Revit 进行整体建模,并进行异种族库的绘制以及细节的优化,保证整体工程的质量与精度;通过 Lumion 进行模型漫游,展示模型的建筑美感。

四、应用效果

应用效果如图 23-1~图 23-3 所示。

图 23-1

图 23-2

图　23-3

五、总结

通过团队三个月的不懈努力，较为圆满地完成了整体项目的建模工作。当然，还存在一些问题。本工程整体工程量较大，节点变径多，墙体、门窗等常规构件种类繁多，部分门窗族库需自行创建。除此之外，对于部分异形结构，如曲面幕墙、异形曲面围栏等特殊构件，都需要花费大量时间进行创建。此外，团队缺乏具体的施工经验。因此，在进行建模的过程中部分细节的处理不够精准。

BIM技术的推广已经是大势所趋，BIM给建筑项目所带来的优势有目共睹。作为初学者，将在日后不断地学习与进步，吸取经验教训，争取做出更好的作品。

该项目在建筑组比赛中同样获得优秀奖。

作品视频

项目 24 河南城建学院文管学区学术交流中心——河南城建学院（Revit 建筑组，优秀奖）

参赛人员：王天鹏、隋欣、马寄贺、高一康

指导教师：殷许鹏、姬中凯

一、工程概况

1. 项目简介

本工程为河南城建学院文管学区学术交流中心，主体结构类型为框架结构，基础形式为筏板基础，持力层为第三层泥岩夹灰层。总面积 22740.23m²（地上 16852.71m²，地下 5887.52m²），建筑总高度 49.90m，分为地上 12 层，地下二层，分别用于大学生创业、24 小时不打烊书店、宾馆、办公等，如图 24-1 所示。

图 24-1

2. BIM 应用概况

设计阶段，通过 BIM 模型对施工组织方案进行探讨和模拟，根据碰撞检测的分析结果，直接对结构、水暖电管网及设备等专业设计进行调整、细化和完善，如利用 Revit 进行建模和深化设计，用 Naviswork 进行碰撞检测。

施工阶段，通过 BIM 模型对施工组织方案进行模拟和研讨，消除现场各专业施工的冲突，通过可视化模拟技术交底有效提高沟通效率，提升施工质量，实现精细化的施工进度控制。

二、BIM 组织与应用

1. BIM 设计到施工的过渡

制订统一的建模规则，综合考虑后续信息需求与模型处理需求，对模型组织方式做好规划，可以大幅度减少后期模型由于建模规则不统一而增加的工作量。通过对二次开发软件的使用，可以对模型进行批量处理，尤其是在构件的自动扣减、批量信息的录入方面。

2. 实施方案

采取各专业分别建模，中心文件协同设计的工作方式。

3. 实施过程

实施过程如图 24-2 所示。

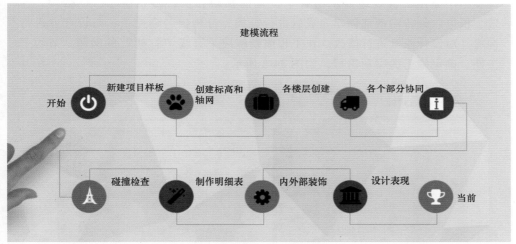

图　24-2

三、BIM 应用

1. 工程量的统计

在 BIM 模型创建完成后，通过对模型的解读，能够分析出各施工流水段各材料的工程量，如混凝土的工程量。从北京行政副中心 B4 项目的实施情况来看，通过模型直接提取的混凝土工程量与实际工程量之差可以控制在 1% 以内。在钢结构中，通过对模型的分解，可以直接根据模型对钢结构构件进行加工。

2. 施工模拟

在制订完成施工进度计划后，通过软件把施工进度计划与 BIM 模型相关联，对施工过程进行模拟。将实际工程进度与模拟进度进行对比，可以直观地看出工程是否滞后，分析滞后的原因，以确保工程按计划完工。

3. 可视化交底

通过 BIM 的可视化特点，对施工方案进行模拟，对施工人员进行 3D 动画交底，提高了交底的可行性。

4. 节点分析

通过对设计图纸的解读，对复杂节点进行 BIM 建模，通过模型对复杂节点进行分析。例如对于复杂的钢筋节点来说，在模型建立后，可以对模型进行观察，找到钢筋的碰撞点，对钢筋的布置进行优化；也可以模拟模板支撑体系的受力状况，以确保模板支撑体系的施工安全。

5. 综合管线碰撞检测

在施工过程中，往往会出现预留孔洞未预留，机电、设备管线安装时发生碰撞。面对这些情况，在传统的施工过程中所采取的措施就是在墙体、楼板上再次开凿，安装管线时相互交叉而减少楼层实际使用空间。而 BIM 工程中，会在设计图纸下发后，根据设计图纸，对建筑物进行综合建模，把预留孔洞在三维模型中显示，直观地显示出各个位置的预留孔洞，防止遗忘。在结构、建筑、机电、设备模型都创建完成后进行合模，分析出各碰撞点，与设计方进行沟通，对设计图纸进行修改。在工程前期解决了管线"打架"的问题，节约了工期，确保施工的顺利进行，如图 24-3 所示。

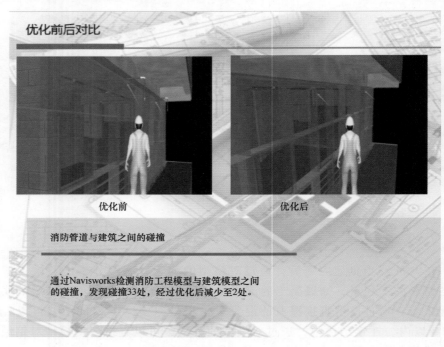

图　24-3

四、总　结

1. 应用与展望

1）BIM 与 VR 结合。主要是数据模型与虚拟影像的结合，在虚拟建筑表现效果上进行深度优化与应用。

2）顶模设计。标准装配式顶模模架系统的平台设计中，运用 BIM 对贝雷片等标准件自动组合及计算，提供选择方案。

3）预制安装。运用 BIM 进行楼梯、卫生间等标准单元的工厂预制，现场吊装。

4）云服务。建立覆盖整个现场的网络，通过云端服务，利用现场终端（ipad、手机等）实时对模型信息进行查询、调整及添加，保证现场施工与图纸、模型的一致性。

5）总包管理系统。通过 BIM 实现 EPC 总包管理的进度计划管理、平面管理及资源管理。

2. BIM 应用总结

在 BIM 实施的道路上，一定会出现一些管理和技术上的障碍，使得实施过程不流畅，效果不理想。其障碍一旦突破，BIM 的优势就会显现出来。

作品视频

项目 25　船坞——石家庄铁路职业技术学院（Revit 建筑组，优秀奖）

参赛人员：王晓倩、单宗萍、孙亚楠

指导教师：刘佳

一、工程简介

1. 工程概况

工程名称：临海听风。

工程地址：坐落于云南省丽江洱海河畔。

建筑面积：约 1500m²；占地面积：约 8932.173m²。

建筑高度：约 29.549m，总层数六层，地上四层、地下二层。

项目理念：集休闲、娱乐、饮食、住宿于一体。其中顶上两层可供游客住宿，用来临海听风。中间两层是娱乐休闲场所，游客可品茶健身。下面两层是餐饮区和观景区，可供游客品尝美食与观景，如图 25-1 所示。

图　25-1

2. 工程的重点难点

"临海听风"项目的重难点在于利用体量来制作屋顶。船体的构造要分别体现出古建筑物的独特与创新，其建筑艺术也有自己的风格特点。

1）异形古建屋顶的制作。其中包括瓦片的增加。屋檐的制作、屋顶弧线型的设计。

2）船体的制作。其中包括船桨、浮雕的制作，要给人耳目一新的感觉。

3）门窗的制作。采用古建特色的中式门窗，更显古建风采。

二、BIM 应用环境

1. 团队分工

为了更好地发挥 BIM 在设计中的作用，团队组织及团队成员的技能非常重要。只有扎实的技术基础和合理的分工，才能使项目顺利完成。

在这个项目中王晓倩、单宗萍主要负责模型的创建，按照 CAD 图纸利用 Revit 创建模型以及对模型进行分析。在模型创建之后在已有模型的基础上对模型进行设计与修改，利用 Revit、Fuzor、Lumion 对模型进行渲染。

孙亚楠主要利用 Revit、Fuzor、Lumion 来负责模型的动画制作、音乐的添加以及 ppt 的制作。

2. 软硬件环境

1）Revit。利用 Revit 软件进行 BIM 建模，并对建筑、结构模型进行修改完善。

2）Lumion。渲染和场景创建的所需时间极短。

3）Fuzor。在进行材质调整以及光照安排上有着很好的优势，漫游操作方式比较人性化。

4）Navisworks。制作施工明细表，可以更加明确地展示模型制作的整个过程。

5）会声会影。用来制作和剪辑视频。

三、BIM 应用

1. BIM 应用的创新点

1）参数化设计。Revit 是目前国内主流的三维建模软件，相比目前古建设计中常用的 SketchUp，具有图形优势和建模优势。中国古建有其构件化的搭建、模数化的尺度以及特征化的组合等特点，是一种基于特定尺寸构件基础上的"参数化"的设计与搭建过程。建立参数化的古建构件模型，设置影响古建形制与尺度的主驱动参数，在此基础上实现主驱动参数对组成构件形制、尺寸的控制，以及构件之间位置、距离、数量的调整，即可实现古建的参数化建模工作，从而减少古建设计绘图的重复工作，即时显示相应参数设置下形制尺寸的三维效果，方便设计人员的比较选择，如图 25-2 所示。

$N=4$　　　　$N=6$　　　　$N=8$

图　25-2

2）工艺的还原。Revit 建模的特征是利用族来制作古建的构件时可以还原木工制作构件的过程，如辅助的参照平面可以表现出木工辅助墨线，如图 25-3 所示。

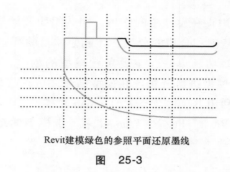

Revit建模绿色的参照平面还原墨线

图　25-3

3）工序的简化。Revit 建模的特点是利用族的可重复性，而所有的构件都是固定模数的。基于古建构件模数和 Revit 族重复利用的特性，有足够多古建族的话，古建的设计与建模就和搭积木一样简单，如图 25-4 所示。

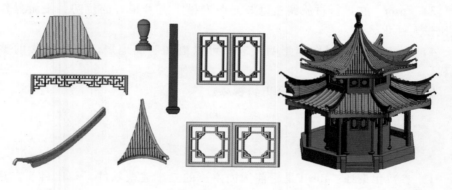

图　25-4

2. BIM 应用效果图

BIM 应用效果图如图 25-5~图 25-9 所示。

图　25-5

图　25-6

图　25-7

图　25-8

图　25-9

四、总结

　　尽管初次设计，作品显得有些生疏，但是在比赛过程中，整个团队通过沉着思考和冷静分析，不断吸取经验教训，不断改进和完善作品。另外，也明白了团队协作的重要性。

作品视频

项目 26　预应力混凝土连续梁桥 BIM 模型——兰州交通大学（Revit 结构组，优秀奖）

参赛人员：郭玉柱、王云天、谢松林

指导教师：杨林、代金鹏

一、模型信息

该预应力混凝土连续梁桥是单箱单室、变截面、变高度箱梁，梁体全长177.2m，施工方式采用轻型挂篮分段悬臂浇筑施工，混凝土部分如图 26-1 所示。预应力钢束如图 26-2 所示。钢筋部分如图 26-3 所示。

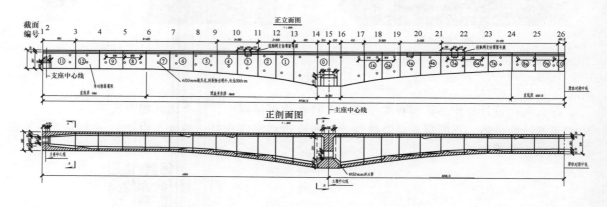

图　26-1

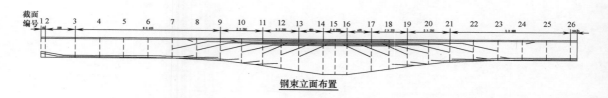

钢束立面布置

图　26-2

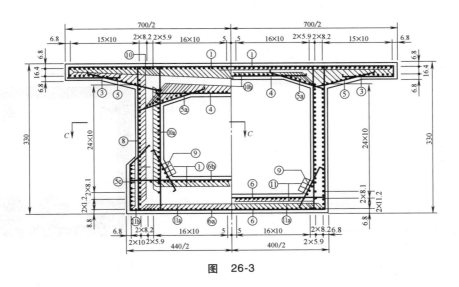

图　26-3

二、建模流程

1. 模型参数化

混凝土模型参数化如图 26-4 所示。

钢筋模型参数化如图 26-5～图 26-7 所示。

参数化电子表格如图 26-8 所示。

2. 模型创建

模型创建如图 26-9 所示。

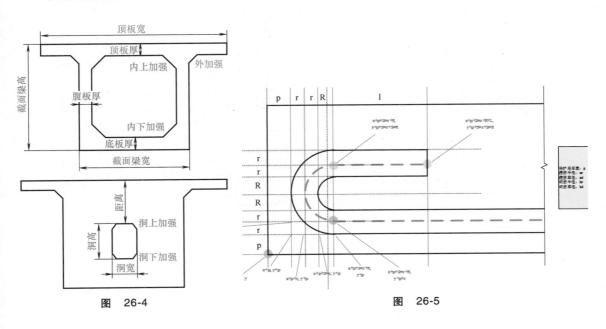

图　26-4　　　　　　　　　　　　　图　26-5

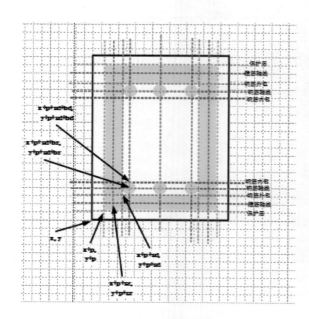

图 26-6

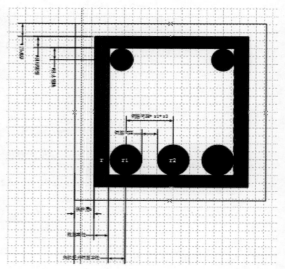

图 26-7

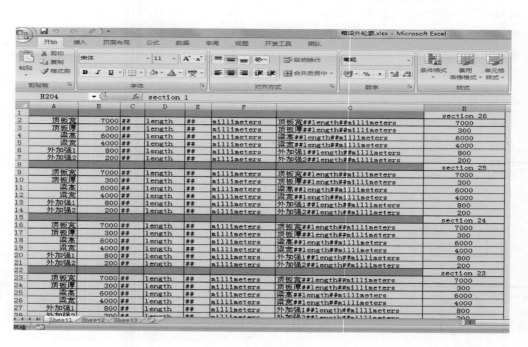

图 26-8

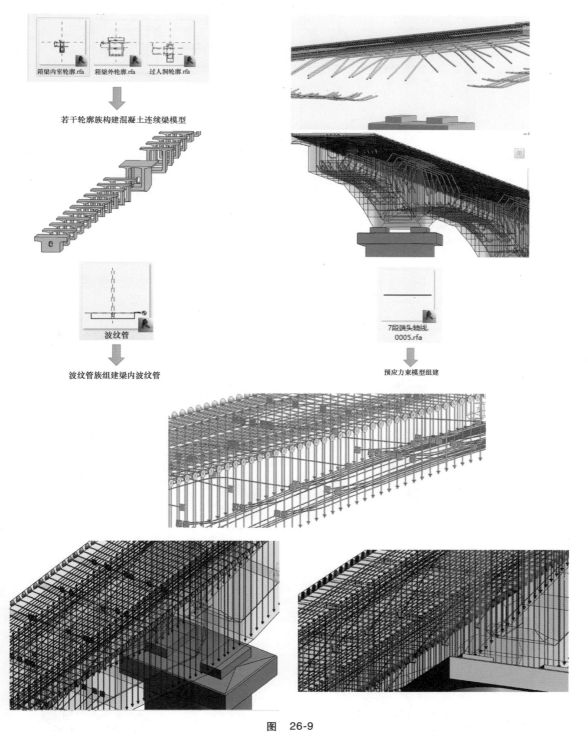

图　26-9

三、模型应用点

任意截面出图如图 26-10 和图 26-11 所示。

钢筋与波纹管碰撞检查如图 26-12～图 26-14 所示。

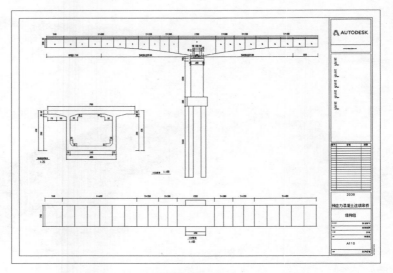

图　26-10

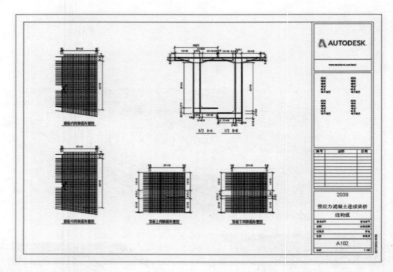

图　26-11

图　26-12

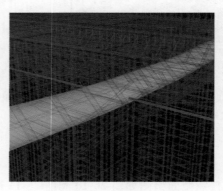

图　26-13

图　26-14

施工模拟如图 26-15 所示。

图　26-15

四、展望

1）用电子表格可以实现整体模型的快速建模。

2）参数化模型可以应用于 3D 模型打印。

作品视频

项目 27　河南城建学院文管学区学术交流中心——河南城建学院（Revit 结构组，优秀奖）

参赛人员：王秋盈、马寄贺、赵梦、王天鹏

指导教师：殷许鹏、姬中凯

一、工程概况

1. 项目简介

本工程为河南城建学院文管学区学术交流中心，主体结构类型为框架结构，基础形式为筏板基础，持力层为第三层泥岩夹灰层。总面积 22740.03m²（地上 16852.71m²，地下 5887.52m²），面积总高度 49.900m，分为地上 12 层，地下二层，分别用于大学生创业、24 小时不打烊书店、宾馆、办公等，如图 27-1 所示。

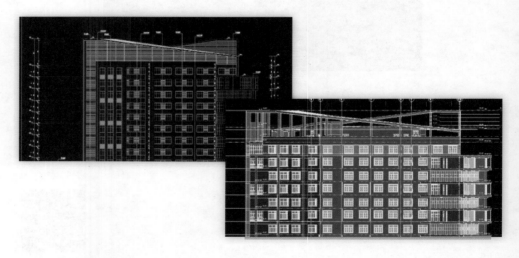

图　27-1

2. BIM 应用概况

设计阶段，通过 BIM 模型对施工组织方案进行探讨和模拟，根据碰撞检测的分析结果，直接对结构、水暖电管网及设备等专业设计进行调整、细化和完善，如利用 Revit 进行建模和深化设计，用 Naviswork 进行碰撞检测。

施工阶段，通过 BIM 模型对施工组织方案进行模拟和研讨，消除现场各专业施工的冲突，通过可视化模拟技术交底有效提高沟通效率，提升施工质量，实现精细化的施工进度控制。

二、BIM 组织与应用

1. BIM 组织

1）BIM 设计到施工的过渡。制定统一的建模规则，综合考虑后续信息需求与模型处理需求，对模型组织方式做好规划，可以大幅度减少后期模型由于建模规则不统一而增加的工作量。通过对软件的二次开发，可以对模型进行批量处理，尤其是在构建的自动扣减、批量信息的录入方面。

2）实施方案。采取各专业分别建模，中心文件协同设计的工作方式。

3）实施过程如图 27-2 所示。

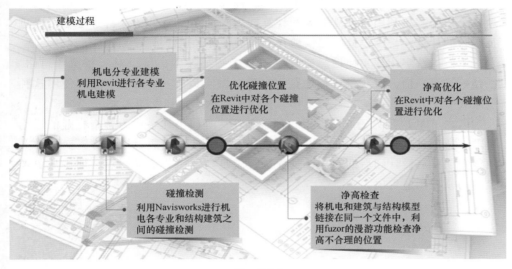

建模过程

机电分专业建模
利用Revit进行各专业机电建模

优化碰撞位置
在Revit中对各个碰撞位置进行优化

净高优化
在Revit中对各个碰撞位置进行优化

碰撞检测
利用Navisworks进行机电各专业和结构建筑之间的碰撞检测

净高检查
将机电和建筑与结构模型链接在同一个文件中，利用fuzor的漫游功能检查净高不合理的位置

图　27-2

2. BIM 应用

在 Revit 模型中，所有的图纸、二维视图和三维视图以及明细表都是同一个建筑模型数据库的信息表现形式。在图纸视图和明细表视图中操作时，Revit 将收集有关建筑项目的信息，并在项目的其他所有表现形式中协调该信息。Revit 参数化修改引擎可自动协调在任何位置（模型视图、图纸、明细表、剖面和平面）进行的修改。参数化功能为 Revit 提供了基本的协调能力和生产率优势：任何时间在项目中的任何位置进行任何修改，Revit 都能在整个项目内协调该修改。Revit 的一个基本特性是可以随时协调修改并保持一致性，无须用户处理图或链接的更新。当修改了某项内容时，Revit 会立即确定该修改所影响的图元，并将修改反映到所有受影响的图元。Revit 具有以下两个重要的特性，使其功能非常强大且易于使用。第一个特性是可以在设计者工作期间捕获关系；第二个特性是可以传播建筑修改。这些特性的作用是使软件可以像人那样智能化工作，而且不要求输入与设计无关的数据（便于协调）。

三、应用与展望

BIM 技术预计有以下几种发展趋势：

第一，移动终端的应用。随着互联网和移动智能终端的普及，人们现在可以在任何地点和任何时间来获取信息。而在建筑设计领域，将会看到很多承包商，为自己的工作人员都配备这些移动设备，在工作现场就可以进行实时信息查询和多方协调。

第二，无线传感器网络的普及。现在可以把监控器和传感器放置在建筑物的任何一个地方，针对建筑内的温度、空气质量、湿度进行监测。然后，再加上供热、通风、供水等信息。这些信息通过无线传感器网络汇总之后，提供给工程师，工程师就可以对建筑的现状有一个全面充分的了解，从而对设计方案和施工方案提供有效的决策依据。

第三，云计算技术的应用。不管是能耗还是结构分析，针对一些信息的处理和分析都需要利用云计算强大的计算能力。甚至，渲染和分析过程还可以进行实时的计算，帮助设计师尽快地在不同的设计和解决方案之间进行比较。

第四，数字化现实捕捉。通过一种激光扫描技术，可以对于桥梁、道路、铁路等进行扫描，以获得早期的数据。设计师可以在一个 3D 空间中使用这种沉浸式、交互式的方法来进行工作，直观地展示产品开发的未来。

国内 BIM 应用处于起步阶段，绿色和环保等词语几乎成为各个行业的通用要求。特别是建筑设计行业，设计师早已不再满足于完成设计任务，而更加关注整个项目从设计到后期的执行过程是否满足高效、节能等要求，期待从更加全面的领域创造价值。

作品视频

项目 28 某商用综合楼——沈阳建筑大学 （Revit 结构组，优秀奖）

参赛人员：臧振强、李英男、陈善焯、任品
指导教师：许峰

一、工程项目简介

本工程建筑结构形式为框架剪力墙结构，地下一层，地上六层，一层层高为 4.8m，二～四层层高为 3.6m，五层层高为 4.2m，六层层高为 3.9m，建筑物建筑高度为 27.4m，室内外高差为 0.3m。

二、项目采用 BIM 技术的原因

本项目借助 BIM 技术的原因有四：第一，项目机电部分较复杂（通风管道、排水管道、电缆桥架错综排布），为减少返工，采用 BIM 技术对所有管线进行综合排布；第二，要在结构建模基础上，依据施工组织进度计划，进行施工进度模拟，提交施工进度模拟模型，为工程的用料提供数据支持；第三，依据需求，由调整后无碰撞模型生成指导施工的预留洞口图纸，对重要节点进行多方位剖切，提供相应剖切图纸；第四，基于 Fuzor 软件生成执行交互模型，作为向甲方交付的可查看文件。

三、BIM 应用情况

1. BIM 实施前的策划

1）BIM 应用目标。为保证 BIM 工作顺利进行，需要制订与项目相对应的 BIM 应用见表 28-1。

表 28-1　项目 BIM 应用

设计	施工
建筑深化设计	
结构深化设计	
设备优化设计	
构件模型设计	
3D 协调	
	施工模拟
	数字化加工
	三维控制和规划

2）BIM 建模标准如图 28-1 所示。建模标准是为了保证不同专业设计人员

设计的模型的统一性以及保证 BIM 模型的质量。

1	重力排水	绿色RGB000/255/000
2	压力排水	黄色RGB255/255/000
3	强电	青色RGB000/255/255
4	弱电	洋红色RGB255/000/255
5	给水系统	橙色RGB255/128/000
6	排水系统	棕色RGB128/064/064
7	喷淋系统	蓝色RGB000/000/064
8	消防系统	紫色RGB128/000/255
9	送风系统	深绿色RGB000/064/000
10	回风系统	金棕色RGB255/162/068
11	空调水系统	浅绿色RGB128/255/128

图　28-1

3）BIM 工作流程。BIM 工作流程是实现 BIM 目标的重要途径，主要说明项目里面计划实施的不同 BIM 应用之间的关系，包括在这个过程中主要的信息交换要求，如图 28-2 所示。

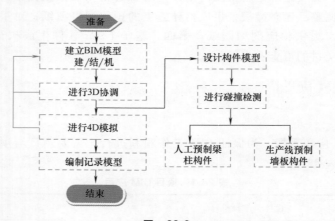

图　28-2

2. BIM 在设计中的应用

1）全专业三维建模，如图 28-3 所示。

在项目初期，全专业 BIM 人员应对项目的整体 BIM 应用流程有充分的了解，这样可以为项目的建模提供有效保障。全专业的三维建模是所有工作的基础，是对传统设计师的二维设计图纸的三维表达，是一个三维审核的过程。通过 BIM 建模，BIM 工程师可以发现设计中隐藏的设计问题以及设计成果的可施工性，这是传统设计单专业无法做到的。通过 BIM 综合协调，各专业不协调之处能够轻易地被发现，使隐性的问题显性化，既提升了设计的整体质量，也为施工的顺利进行打下了基础，还减少施工中的变更，如图 28-4 和图 28-5 所示。

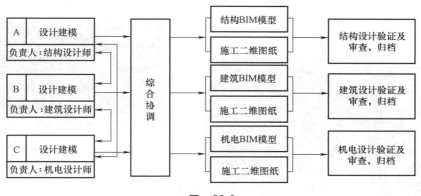

图　28-3

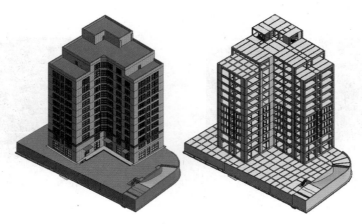

图　28-4

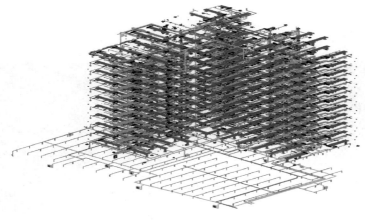

图　28-5

2）碰撞检查。为达到零碰撞的项目施工要求，本团队采用碰撞检查对所有管线进行重新排布，同时对图纸进行修改，如图 28-6 所示。

基于碰撞检查修改模型，进而导出无碰撞的图纸指导施工，如图 28-7 所示。

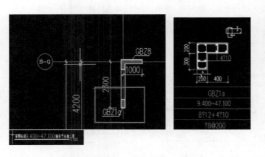
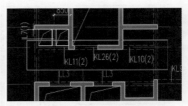

南楼标高6.500梁平法施工图

问题二：S-E轴上S-15～S-20之间未找到KL26(2)
　　　　相关平法标注信息，跨数不符。

暂时处理方法：去掉KL26(2)，修改KL10(1)，
　　　　　　　与左边部分对称。

问题一：S1-SG轴间墙柱GBZ1a与柱表形状不符。
暂时处理方法：该处以GBZ1替代GBZ1a。

南楼标高47.100梁板平法施工图

问题三：S-E轴上S-6～S-9之间平法标注信息，
　　　　跨数不符。
　暂时处理方法：将WKL10(1)改为WKL10(2)。

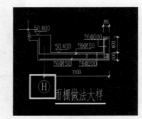

南楼标高50.800梁板平法施工图

问题四：H轴应该是E轴

图　　28-6

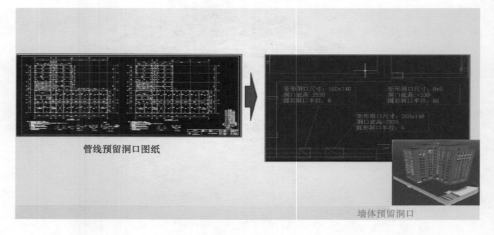

图　　28-7

　　　3）在施工模拟、进度安排中的应用。利用Navisworks对施工现场进行场地
布置，对预制构件的进场时间进行排布模拟，可以实现场地的合理布置，使施
工吊装过程能够顺利进行，如图28-8所示。

图 28-8

施工模拟是 BIM 技术运用在装配式建筑中很重要的一个环节，是整个工程施工管理的主线，本团队利用 BIM 软件进行模拟施工，保证了施工顺利进行，如图 28-9 所示。

图 28-9

4）在设备安装中的应用。

① 管线综合的目标是实现管线的无碰撞调节，为机电施工技术人员提供一种可能的无碰撞方案。本项目先将模型整合后进行碰撞检测，然后根据检测结果加以调整。传统设计模型如图 28-10 所示。深化设计模型如图 28-11 所示。

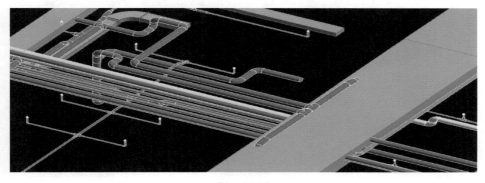

图 28-10

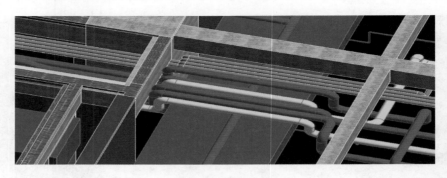

图　28-11

　　② 管线优化的目标是实现管线的可施工性，为机电施工技术人员提供一种施工方案。本项目结合实际施工技术规范调整管线上下左右的距离。管道路线的合理分布如图 28-12 所示。

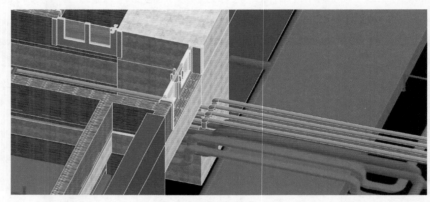

图　28-12

　　③ 基于 BIM 设备管线出图管线优化后可以快速、准确地生成管线平面图以及剖面图，如图 28-13 所示。

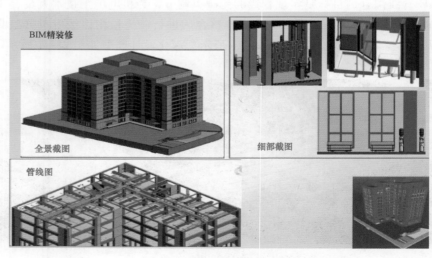

图　28-13

5）提交执行交互 BIM 模型。与甲方工程师进行交流，提高项目质量，如图 28-14 所示。

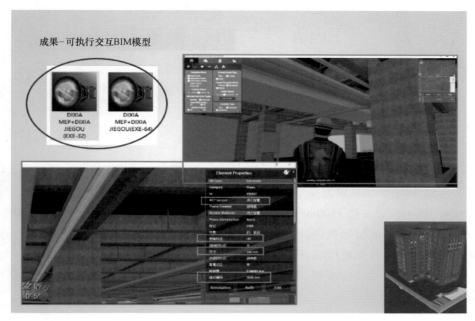

图 28-14

四、BIM 取得的主要效益

1）得到基于 BIM 标准构件的标准化、系列化、模数化的模型库。

2）三维模型的参数化设计，使得图纸生成修改的效率有了很大幅度的提高，克服了传统拆分设计中图纸量大、修改困难的难题。

3）加上时间进度的 4D 模拟，进行虚拟施工，提高了现场施工管理的水平，减少了施工工期，减少了图纸变更和施工现场的返工，从而节约了投资。

4）机电的管线综合在一定程度上能帮助施工人员进行管线排布以及生成剖面图纸。

作品视频

项目 29 西安咸阳国际机场 4 号制冷站——武汉工程大学（Revit 结构组，优秀奖）

参赛人员：陈涵、付茂楠、邓天宇

指导教师：周朝霞

一、工程概况

西安咸阳国际机场位于西安市中心城区西北方向。机场飞行区等级为 4F 级，占地 564hm²，可以起降空客 380 等大型客机，实行雷达空中管制系统。当前拥有 3000m×45m 和 3800m×60m 的平行跑道各一条，停机位 59 个。作为关中城市群目前唯一的国际机场，咸阳国际机场是我国重要的门户机场，为西北地区最大的空中综合交通枢纽。被 Skytrax 评为全球四星级机场，与北京首都、上海虹桥、海口美兰、三亚凤凰及宜昌三峡共为现时内地综合评级最高的航空港，如图 29-1 所示。

图 29-1

1. 项目概况

西安咸阳国际机场二期扩建工程主要包括 T3A 航站楼、配套项目以及为其服务的 4 号制冷站。整个工程于 2008 年 2 月开工建设，2011 年 6 月进行空调及制冷系统调试，2012 年 5 月全面投入运营。本期 T3A 航站楼设计目标规模为：高峰客流 7100 人/时，旅客年吞吐量 23342 万人；建筑面积 25.8 万 m²，建筑高度 36.5m，地下室埋深 8.6m；4 号制冷站建筑面积 5550m²，建筑高度 9m，距主楼约 1000m，项目总投资约 9000 万元。

2. 项目设计及理念

1）建筑及环境。本项目虽建筑面积不大，却在建筑及环境的设计方面煞费了一番苦心。紧临 4 号制冷站的右边是机场专用高速的第一个入口立交。为了不影响机场整个航站区的大环境，项目引入了公共建筑中"下沉式广场"的理念，即整体地下设置的设计方案；同时为给刚进入机场的旅客留下一个美好的印象。建筑的外形、周围环境及地面绿化都围绕着设计选定的 e 字形而展开。e 字形方案源于西安咸阳国际机场的企业标志（LOGO）和设计期间奥运会的"祥云"，体现了项目设计师的设计理念——一栋建筑一个作品，如图 29-2 和图 29-3 所示。

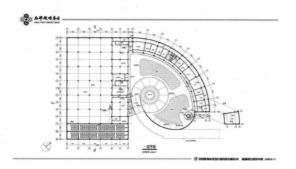

图 29-2

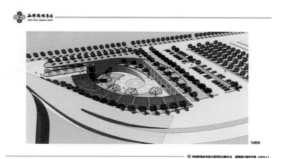

图 29-3

2）功能布局。根据制冷供热的工艺特点，同时考虑到管理的便捷及劳动环境的改善，本项目的功能布局设计理念如下：

① 为改善站内管理人员的工作环境和心情，本项目采用"下沉式广场"的设计理念，使每个有人员长期停留的房间都能见到自然光，冬季阳光基本上都能照射到办公室内。

② 为方便设备的运输和工作人员的进出，设备进入站内都可由大型运输工具直接通过坡道进入，同时设有人员直接上下的防雨楼梯间方便进出。

③ 为减少制冷机、水泵设备噪声对人的影响，非监控办公室、会议室以及值班休息室均远离主机房而设。

④ 为方便管理和美观整洁，站内大型和重要设备均设置于大型维修机具（包括车辆）可直接进入的高大空间主机房内，水处理、定压补水、空调机房、变配电用房等其他配套服务用房均设置于层高较低的小房间内。

⑤ 为充分利用室外用地，尽可能腾出人员活动空间，冷却塔和办公配套用房采用了叠式设置，冷却塔采用开敞式设置于办公配套用房屋面。

⑥ 为减少蓄冷装置投资、方便维护和清洗以及减少冰槽渗漏水的隐患，冷站蓄冷槽采用开式地下独立混凝土槽，如图 29-4 所示。

3）工艺设计。由于本项目距各服务用户较远且分散，所处地区又有相应的峰谷电价政策，同时为节省投资和降低运行费用，系统工艺按如下进行了设计：

① 为提高夏季制冷供回水温差，降低输送能耗，空调蓄冷采用了钢盘管外融冰直供形式。

② 为充分利用末端回水温度高的特点，提高制冷效率。制冷系统采用了"基载机→双工况机→蓄冰装置"三级串联冷却方式，同时适当加大基载机容量。

图 29-4

③ 为适应各末端用户系统阻力差异大，减少输送能耗，空调水系统采用三级泵系统形式，一、二级泵设置于制冷站内，三级泵设置于末端用户，起到了以泵代阀的作用。同时为满足不同末端用户温度的需求，部分三级泵采用了混水加压循环形式。

4）节能设计。由于本期工程的 T3A 航站楼采用了温湿度独立控制设计理念，空调末端节能效果较显著。为保证整体节能效果，制冷站需配合空调末端，同时自身应充分考虑制冷供热及水系统输配的节能性，项目节能设计如下：

① 制冷系统采用开式外融冰直接供冷，充分利用峰谷电价，大幅度降低了夏季空调供水温度，达到了制冷运行费用低廉和输送能耗降低的目的。

② 空调制冷系统的三级串联冷却，提高了基载机的 COP 值。

③ 三级泵的应用实现了以泵代阀，降低了输送能耗。

④ 空调水系统采用了螺旋除渣装置，设备阻力仅有传统拦截式过滤方式的 $1/4 \sim 1/5$。

⑤ 制冷机组采用 10kV 高压电机，降低了变配电的电力转换能耗。

⑥ 制冷主机房和内走道大面积采用天窗和光导管实现自然采光，改善了室内环境，减少了工作照明电耗。

二、BIM 设计应用

1. 应用软件介绍

本项目应用到的 BIM 软件有 Revit 和 Fuzor，Revit 软件主要用来进行建筑和机电项目的建模，Fuzor 则用来进行后期的渲染和动画制作，如图 29-5 所示。

2. BIM 设计过程简介

1）首先根据冷冻站的建筑 CAD 图纸进行建筑模型的建立，确保各项建筑参数的准确性和一致性，并标注出机电设备、管道等的位置和尺寸要求，方便

图　29-5

后期进行机电模型的建立，如图 29-6 所示。

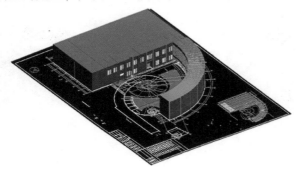

图　29-6

2）由暖通平面图结合已有的建筑 BIM 模型，进行机电模型的建立，在建模过程中需要先划分出暖通各个系统之间的参数差异，例如管道的材质、颜色等，如图 29-7 所示。

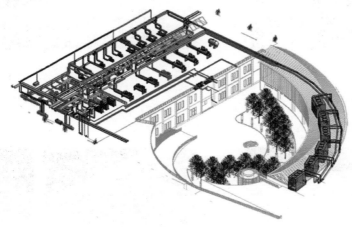

图　29-7

3）对于其中一些机电设备需要根据产品资料和参数，进行机电族的建立，如图 29-8 和图 29-9 所示。

3. BIM 模型渲染

建筑部分的渲染如图 29-10～图 29-13 所示。

图 29-8

图 29-9

图 29-10

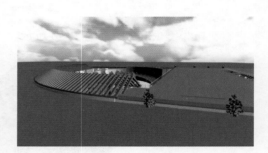

图 29-11

为改善站内管理人员的工作环境和心情，本项目采用"下沉式广场"的设计理念。

图 29-12

图 29-13

使每个人员长期停留的房间都能见到自然光，冬季阳光基本上都能照射到办公室内。

机电部分的渲染如图 29-14～图 29-18 所示。

图 29-14

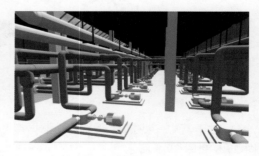

图 29-15

4 号制冷站夏季空调冷源采用冰蓄冷系统，蓄冷方式采用满足负荷均衡的部分蓄冷方式。

图　29-16

空调系统补水由经过软化处理后的软水箱提供，蓄冷系统的排（泄液和补液均由储液箱完成。

图　29-17

蓄冷采用了开式钢盘管外融冰系统：冰槽采用了两个开式、独立的土建混凝地下槽体

图　29-18

蓄冷系统控制方法为设计日负荷采用主机优先的运行策略；非设计日负荷工况条件下，在保证全天供冷温度满足要求的前提下，采用融冰优先的运行优化控制策略方式。

4. 设计难点

由于该冷冻站采用了冰蓄冷方式，充分利用峰谷电价，整个系统比较庞大且错综复杂。各系统图之间的管道交叉，在设计过程中需要仔细去区分不同系统管道，以及各类型参数的差异，需要非常谨慎和小心。另一方面，该系统中很多机电设备没有现成的族可以利用，需要根据具体的设备外观和参数去重新独立建立模型，并不断地改进和完善。

三、BIM 应用展望

BIM 技术是中国工程建造技术的发展方向，随着 BIM 技术在国内的推广使用，越来越多的设计、施工、建设企业看到了 BIM 技术的巨大作用。BIM 技术的数据集成管理，可视化施工方案，质量、安全进度的可视化管理，工程成本管理等正逐步改变着目前工程建设项目管理方式。

随着 BIM 技术的快速发展，各类型建筑设计对 BIM 的需求以及要求也越来越高，作为暖通工程师以及 BIM 从业人员，本团队更需要不断地提升自身能力，去适应时代的要求。

作品视频

项目 30 某青少年活动中心地下一层通风——兰州交通大学（Revit 结构组，优秀奖）

参赛人员：尉渭华、王响玲、饶蕊桂、刘甜甜
指导教师：李志伟

一、工程简介

1. 设计依据

《工业建筑供暖通风与空气调节设计规范》	GB 50019—2015
《民用建筑供暖通风与空气调节设计规范》	GB 50736—2012
《建筑设计防火规范》	GB 50016—2014
《人民防空地下室设计规范》	GB 50038—2005
《人民防空工程设计防火规范》	GB 50098—2009
《通风与空调工程施工质量验收规范》	GB 50243—2002

2. 管道设计参数

管道设计参数见表 30-1。

表 30-1 管道设计参数表

矩形风道大边 b 或圆形风道直径 D/mm	钢板厚度/mm
$D(b) \leqslant 320$	0.75
$320 < D(b) \leqslant 450$	0.75
$450 < D(b) \leqslant 630$	0.75
$630 < D(b) \leqslant 1000$	1.0
$1000 < D(b) \leqslant 1250$	1.0
$1250 < D(b) \leqslant 2000$	1.2

3. 系统概况

1）当防火分区一发生火灾时，就开启防火分区一的排烟风机进行排烟，并开启防火区一的补风机进行补风。当防火分区二发生火灾时，开启防火分区二的排烟风机进行排烟，并开启防火区二的补风机进行补风。

2）未开窗的前室设置加压送风系统，送风口选用常闭多叶送风口。当发生火灾时开启着火层及相邻一层，并连锁开启加压送风机。仅地下一层前室设加压送风系统时送风口选用自垂百叶风口。当地下部分发生火灾时，开启地下送风机。

3）地下一层防烟楼梯间需设置加压送风系统，送风口选用自垂百叶风口。当地下部分发生火灾时，开启地下送风机。

4）排烟风机需做减震隔震措施，通风机传动装置的外露部位以及直通大气的进、出口，必须装设防护（网）或采取其他安全设施。

5）风管支吊架的位置和具体形式由安装单位根据现场情况确定。

6）安装阀门等配件时，必须注意将操作手柄配置在便于操作的部位，防火阀的安装位置必须使阀体上的箭头标志方向与气流方向相一致，防火阀必须单独配置支吊架。

7）吊顶内排烟风管用泡沫石棉板保温，厚30mm。

8）阀门的功能要求：防火阀：70℃自动关闭或手动关闭，并输出关闭信号连锁风机，手动复位。排烟防火阀：280°C自动关闭或手动关闭，并输出关闭信号连锁风机，手动复位。

二、BIM 模型组织与应用

1）模型组织过程分析如图30-1所示。

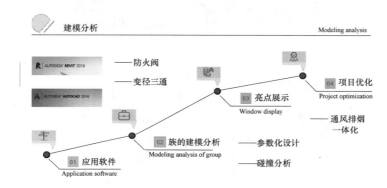

图　30-1

2）参数化族如图30-2所示。

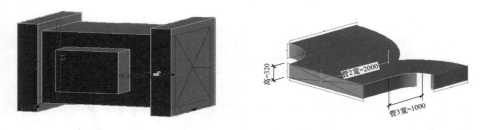

图　30-2

族库中族的参数不能满足本项目所需族的要求。为了节约时间，本团队进行了参数化建模。建模时，参数化的族与相关模型组合，自适应产生新的参数形成新的模型。对于同一类型建筑设备的模型，尤其是建模数量多时，参数化设计无疑节约了时间。

3）碰撞分析如图30-3所示。

4）最终的平面简图如图30-4所示。

三、项目总结

BIM 设计并不是单纯地换一个软件来画图。从传统 CAD 制图到 BIM 制图，

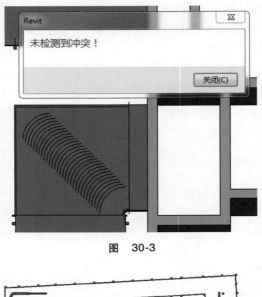

图 30-3

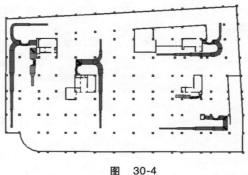

图 30-4

需要画图习惯与设计观念上的革新、计算机网络环境的支持以及团队协同意识的培养等方面的铺垫。

　　BIM 软件如果运用熟练，确实可以在一定程度上提高效率和准确度，并且在无形中还训练了一种更科学、更接近于真实建造过程的思维方式来设计方法，如图 30-5 和图 30-6 所示。

图 30-5

图 30-6

　　从本团队自身角度来讲，通过 Revit 导入 CAD 图纸并画出建筑物安装管道系统的三维图，可以了解并掌握建筑物的管道走向与布置，方便以后施工过程中的管理并提高施工效率。

作品视频

附　录

获奖名单

一等奖

1115　浙江大学——恐龙馆设计　Revit 建筑组

2029　兰州交通大学——祁家渡 BIM 文件　Revit 结构组

3007　重庆大学——基于项目机电 BIM 应用产学研结合　Revit 机电组

4003　华南理工大学广州学院——雅苑图书馆　Revit 内装组

5006　四川建筑职业技术学院——成都市新都区大学城车站一体化设计　Revit 幕墙组

6002　西安欧亚学院——学院艾德楼园林景观　Revit 景园组

二等奖

1029　南昌工学院——普通食堂项目　Revit 建筑组

2025　沈阳建筑大学——某装配式钢筋混凝土结构框架　Revit 结构组

3009　广西建设职业技术学院——学院实训楼 BIM 成果展示　Revit 机电组

6012　天津理工大学——钱江世纪城景观工程　Revit 景园组

三等奖

1110　湖南工学院——学院图书馆　Revit 建筑组

1118　重庆大学——Memorize——兵工容器的别样表述：新型图文信息中心设计　Revit 建筑组

1087　南华大学——南华大学新校区第一综合教学楼　Revit 建筑组

1119　广州岭南职业技术学院——华钢幼儿园　Revit 建筑组

1107　黑龙江东方学院——佳木斯万达广场设计　Revit 建筑组

1013　兰州理工大学——张芝博物馆设计　Revit 建筑组

1072　太原理工大学——山西陵川小会岭二仙庙 Revit 数字建模　Revit 建筑组

2012　广西建设职业技术学院——学院实训楼 BIM 成果展示　Revit 结构组

2035　辽宁建筑职业学院——学院 5 号教学楼设计　Revit 结构组

3010　沈阳工程学院——基于 BIM 的火电厂机电应用　Revit 机电组

3017　宁波工程学院——艮山东路项目 BIM 技术咨询服务　Revit 机电组

4004　广西建设职业技术学院——学院实训楼 BIM 成果展示　Revit 内装组

4001　石家庄铁路职业技术学院——售楼处设计　Revit 内装组

5010　兰州交通大学——兰州交通大学图书馆　Revit 幕墙组

5008　福建工程学院——绿动未来城　Revit 幕墙组

5007　四川建筑职业技术学院——城市印象·绿色低碳理念下的商住综合体　Revit 幕墙组

6001　山西工商学院——学院南校区　Revit 景园组

6003　南昌工学院——校园全景　Revit 景园组

优秀奖

1035　广西建设职业技术学院——学院实训楼 BIM 成果展示　Revit 建筑组

1012　西安欧亚学院——欧亚艾德楼　Revit 建筑组

1084　福建工程学院——绿动未来城　Revit 建筑组

1126　华北理工大学轻工学院——唐山学院—小型办公楼设计　Revit 建筑组

1025　南京工程学院——文博苑图书信息中心　Revit 建筑组

1047　西华大学——西华大学图书馆　Revit 建筑组

1020　山西工商学院——华熙苑　Revit 建筑组

1116　桂林理工大学——幼儿园项目　Revit 建筑组

1122　兰州交通大学——兰州交通大学行政楼　Revit 建筑组

1007　河南城建学院——河南城建学院文管学区学术交流中心　Revit 建筑组

1123　兰州交通大学——兰州交通大学图书馆　Revit 建筑组

1066　四川建筑职业技术学院——成都市新都区大学城车站一体化设计　Revit 建筑组

1018　石家庄铁路职业技术学院——船坞　Revit 建筑组

1113　沈阳大学——基于 BIM 的星宿海滨别墅设计　Revit 建筑组

1111　沈阳大学——基于 BIM 的美术学院建筑设计　Revit 建筑组

1015　新乡学院——新乡学院家属院　Revit 建筑组

1043　华南理工大学广州学院——永达文化园　Revit 建筑组

1054　湖南城市学院——酒店设计　Revit 建筑组

1051　海南大学——海口市椰海综合广场　Revit 建筑组

1067　四川建筑职业技术学院——城市印象·绿色低碳理念下的商住综合体　Revit 建筑组

1065　河北建筑工程学院——公交首末站商业综合体建筑设计　Revit 建筑组

1074　黄河水利职业技术学院——玉皇阁　Revit 建筑组

1028　南昌工学院——南苑·鲤锦湾　Revit 建筑组

1009　青海建筑职业技术学院——藏式检察院课程设计　Revit 建筑组

1121　石家庄铁道大学——赵县县前商业楼　Revit 建筑组

1056　南通大学——余西古镇旅游服务中心设计　Revit 建筑组

1073　太原理工大学——北方传统山地建筑　食宿山庄设计　Revit 建筑组

1085　辽宁科技学院——辽科行政楼　Revit 建筑组

1086　西华大学——顺辉酒店　Revit 建筑组

1112　沈阳大学——基于 BIM 的棱角艺术中心设计　Revit 建筑组

2006　西安欧亚学院——延安市人民医院　Revit 结构组

2002　北京工业大学——BIM 在大跨钢结构中的应用　Revit 结构组

2017　西华大学——时代天骄　Revit 结构组

2038　兰州交通大学——预应力混凝土连续梁桥 BIM 模型　Revit 结构组

2005　河南城建学院——河南城建学院文管学区学术交流中心　Revit 结构组

2032　湖南工学院——湖南工学院图书馆　Revit 结构组

2022　石家庄铁道大学四方学院——某变截面悬浇连续梁项目　Revit 结构组

2004　陕西铁路工程职业技术学院——桥梁 BIM 应用　Revit 结构组

2010　四川建筑职业技术学院——恒河时代 11 号楼及 6 号商业　Revit 结构组

2037　青海建筑职业技术学院——藏式检察院课程设计　Revit 结构组

3019　沈阳建筑大学——某商用综合楼　Revit 机电组

3021　新乡学院——芜湖地铁站　Revit 机电组

3008　南昌工学院——广西南宁信和广场　Revit 机电组

3004　河南城建学院——文管学区学术交流中心　Revit 机电组

3002　中国人民解放军理工大学国防工程学院——黄山地下商业街机电设计　Revit 机电组

3003　武汉工程大学——西安咸阳国际机场 4 号制冷站　Revit 机电组

3014　西华大学——自由鸟项目　Revit 机电组

3015　石家庄铁道大学四方学院——某省乒乓球基地安装项目　Revit 机电组

3024　武汉工程大学——运用空气源热泵的单栋别墅设计方案　Revit 机电组

3026　兰州交通大学——某青少年活动中心地下一层通风　Revit 机电组

6006　华南理工大学广州学院——江南小镇　Revit 景园组

6004　广西建设职业技术学院——学院实训楼 BIM 成果展示　Revit 景园组

6010　黑龙江东方学院——图书馆广场设计　Revit 景园组